SUDOKU

PUZZLE BOOK

VOL 2

This Book
Belongs To

_____

_____

_____

EASY

FOR ADULTS

RULES FOR SUDOKU GRID SIZE 9X9:

There are three rules to follow

1- The numbers 1 through 9 only appear once in each **3X3 SQUARE**

		6	1	3	7	4	2	8
			6			9		7
4		1	8		2		6	5
3		5	2	7	6	1		4
			3	8	9	6	5	2
6		2	4	1	5	7	8	3
8		9		4	3	2		1
7			9					6
5	2	3	7	6	1	8	4	9

2 - The numbers 1 through 9 only appear once in each **ROW**

		6	1	3	7	4	2	8
			6		4	9		7
4		1	8		2		6	5
3	8	5	2	7	6	1	9	4
			3					2
6		2		1	5	7		3
8		9		4				1
			9					6
5	2	3	7	6	1	8	4	9

3 - The numbers 1 through 9 only appear once in each **COLUMN**

		6	1	3	7	4	2	8
			6		4	9		7
4		1	8		2		6	5
3	8	5	2	7	6	1	9	4
			3	8	9	6	5	2
6		2	4	1	5	7	8	3
8		9		4	3	2	7	1
7			9		8	5	3	6
5	2	3	7	6	1	8	4	9

Sudoku 1 - Easy

		9	1		2	7	8	6
		1	3	7				4
7	2	4	9	8	6	1		5
	1	7	5			3	4	8
6	9			3				1
3	4			1		9	6	2
9		6	4		1			3
1	8	3			5	7		
4		2	8	9	3		1	

Sudoku 2 - Easy

9	5	7		8	4		6	2
3	8	2	9	5		1		
6	1		7	3	9	5	8	
	2	5	6	1	7			
4						5	2	7
	9		4	2	5	6		
	3	9	7	6	1	8		5
1	7	8			9	2	3	6
		6		3		7		

Sudoku 3 - Easy

6	8	2	3		1	4		
	3			4	6			
7	9	4			3			5
8	6	5				2	9	7
	7	9	6	8		1		
1	4		9		7	5	8	
4	5	8			6	9		1
9	1		4	3	8	7	5	2
3				1		8	6	4

Sudoku 4 - Easy

9		1	4		6		5	7
	8				7	2	3	6
7	3	6				9		
2	9		6			3	7	
1	7	4	3	8			6	
		3	7	5		1	2	
3	6	2		7			4	9
	4	9	2			7	1	3
5		7	9		3	6	8	2

Sudoku 5 - Easy

1		6	5	7	9			
5	7	9	8		4	2		1
8		4		2	6	5		9
	6	1	3	8	5		2	7
9	5	3		4	7		1	8
2		7	6	9	1			3
7	4	2					3	6
				1				2
3	1	8	4	6			9	5

Sudoku 6 - Easy

5		1	6	2		4	3	7
4	7	3	8		1		6	2
6	2		3					1
	3	8	5	9	6			4
1		4		3	8	6	7	5
2		6		1	7	3		9
	1	5	7	4				6
		9	6	5		1		
9			8				4	3

Sudoku 7 - Easy

3		1	8			9	5	4
6	5			7	9	1		
9	2	4	3	5				
5			2	4	3		1	9
	1	9						
		3	1	9	5	2		8
8	3		5			7	9	2
			7	3			8	6
	4	2	9	6			3	1

Sudoku 8 - Easy

	8	6			7		5	2
		4		6		9		7
5		7	9		2	6	4	
3		8		5	4	2		1
	9	2		7			8	
		1	2				7	4
8	4	9	3		1	7	6	5
7	1	5	8	9	6	4		3
	6			4		8	1	

Sudoku 9 - Easy

		5	4	7	1	8	9	6
8	4	9	2			1		
	7	1	5	9	8	2		4
7		8		4	3	5	2	1
						3	8	
5	2			1			6	9
	9	6		8		7	4	2
	8	7		2	9		5	
	5				4	9	1	8

Sudoku 10 - Easy

		8					1	
	6	9	3	8	4			
4	2	5					8	9
	8			7	3	1		5
	7		4	9	5	8	2	
2	5		8	6	1			3
5	9	3				2	6	1
8		2		3		9		7
6		7	9			4	3	8

Sudoku 11 - Easy

			5	3		8	6	2
	5			7	4	3	9	
9	3		1	2	6			
		9	6	8	5	2		3
	7	2	3				8	4
	8	3	2		7	6		9
4	2	1	7		8	9		6
8	9			6	3	1		7
3				1	2	4	5	8

Sudoku 12 - Easy

5	9		1	7	6	8	3	4
		1			2	7	9	6
6	4	7	9		3	5		
9	5			1		4		
7	8	4	3	2	9	6		5
1		6	4	5		9	8	3
		8		6	1		5	9
		5	7		4	2	6	
	6	9			5	1		

Sudoku 13 - Easy

	2		6	8	1	3	4	
4	6	3			5	7		
1	5		3	4	7	9		2
		6			9		8	
2			5	6	3	4		9
9	4				8	2	3	6
8		4	1		2	6	9	7
5	1	7			6	8	2	
	9						5	3

Sudoku 14 - Easy

5		9						7
	8		5	9	7		4	1
	7	4	6		3		9	
		8		6			1	4
	5	2	4		1	7	8	
		1	8		5		2	6
	6	3		5		4		2
4	9	7	3	2			5	
1	2	5		8			6	3

Sudoku 15 - Easy

8	5		2	7		4		1
				5				3
		9			8	5		7
	6	2	5	8	7	3		9
7	4		1	3	9		6	2
	3	8	4		6		7	5
6				9	4		5	8
5		3	7				1	4
4			8		5		3	

Sudoku 16 - Easy

1	7	3	6	5		2	9	
4	9		7	2		5		1
5		2	9	3		6		7
8		9	3		2		1	
	5		4			8	2	3
	3	7	8	1	5		6	9
7	2	8			9	3	5	
9	6	4		8		1		
3	1	5	2			9		

Sudoku 17 - Easy

	3	7	2	8		6		
	6		7	9		2		1
				6				7
3	1		9		7	5	8	
	9	8	1		6	7	2	4
6			8	2		9		3
7	5	9		1	2	4		8
4	2	3		5			7	9
1	8			7	9	3	5	2

Sudoku 18 - Easy

7	5	9	2	1				
6	1		9		8	5		7
4	2	8			6		3	
	6	4	3	9	5		7	1
					4			3
3		5		6	7	9	4	2
9			4	3	1	2		
8	4		7		2			
5	3	2	6		9	7	1	4

Sudoku 19 - Easy

6	3	2	5	1	8	9		
	8	5	2			3		6
7	9		4	3	6		2	8
	1			8				
9		7			4	1		3
3	4			5	1	2	6	9
1	2	9			7	8		5
8	6				5		9	2
	7	4	8	9				

Sudoku 20 - Easy

6		4		5		3		7
7	5	9	4	1	3			2
	3	6		7	4			9
9	6			8				4
1		2	7				9	
3		7		9	6	1	2	8
	7	1		6	9	2		
2	3	6	8				7	1
5		8	1		2		4	

Sudoku 21 - Easy

9	4	5	6		7		8	2
	1	3	9				6	
		6		1		9	4	3
6	7	9	4			2	3	
1	8	4	7				9	
5			8		6	4	7	1
			3		9		1	
4		8	1	7	5			9
			2			8	5	7

Sudoku 22 - Easy

2			4	5	1	7	8	
	5		7		8	3		2
7			2		1	6		4
1		5	3	7	2	8	4	
					6		1	9
	2	8	1	9	4	7	3	
9	1			5	7	4	6	
5		6		2	3	9	8	1
8	3		6	1			5	2

Sudoku 23 - Easy

		9		2	8		1	4
2		8	9	5	1	3		
1			7	6				
6	5	1		3	9		4	
4	2	3		7		9	5	
8		7	4	1	5	6	2	3
5	8	2	1			7		9
					7	4		
			4	6			3	5

Sudoku 24 - Easy

			2	6	9	4	7	
6	2	3		7		1	5	8
7	9	4		5	1		2	
		9			5	6		1
	4			9	3	5		
		5	1			4		9
9		2	4	3			1	5
5	3	8	6		2	7		
			5	8	9	2	6	3

Sudoku 25 - Easy

	5	1	4		8	9	3	2
				7			4	
		6			9	5		1
		4	3	2	6	1	9	
1		8	5	4	7			3
2		3		8	1	4	5	7
	1			5	2	3		
4	8		6	9		2	1	5
3		5	8	1	4	7	6	

Sudoku 26 - Easy

		5			9	7	3	
	2	8		1	3	9		5
9		3	7		5	8	2	4
	9	2		3	4	6		7
6	5	7	9	8	2		1	
3	8	4	1	7	6			
2	3				7	1		8
	4	6		5			7	9
5	7		2		8	3		6

Sudoku 27 - Easy

3	6			9		5	8	7
7	9		6			2	1	
1	5		3	2			6	4
		3		1	6	4		5
	1		7		8		2	
4			5			1	9	8
2			8	5			4	
6	4			7	3		5	1
5	8	1	4		9	7		2

Sudoku 28 - Easy

	8	7	2		1		5	9
			3		7			
		1			6	8		4
9	7	6	3				1	
2		4	5	1	7		9	8
	1	8	9	6	4			3
7		2			3			6
8	4	5				1	3	2
	6		4	5	2	9	8	7

Sudoku 29 - Easy

		2	7	1				
8		7		2	4		1	5
4	1		5	8		7		
9	8		3	4	7	5		6
3		5	9	6	2	4	8	
2	6	4		5		3	7	9
7	4	6	2		5			8
1	9			7		2	5	4
			4				3	7

Sudoku 30 - Easy

3		8		7		9		5
2		7		9		6		3
	6		3			4		
9	2		4	6	8	7		1
6	8	4	7	1	3			9
7		1		2	5	8	4	6
	5	2			7		9	
			1					8
	7	3	8	4	9		6	2

Sudoku 31 - Easy

8	1		5	2				
2	6	5	7	4	9	3		1
		7	8	1	6		4	5
1		9	3	8	2	4	7	
		2			5			3
6				7		1		
		8		5	1			7
4	3		6	9	7		2	8
5		6	2	3	8		1	4

Sudoku 32 - Easy

	4		5	8	6		1	
	3	6		7	4	2	8	
	5	9	3	1		7	6	4
	7			9		1		6
	9			5	8		3	7
	6		7	4	1			9
9		7	8	3			4	2
3		4	1	6		5	9	8
6			4	2	9			1

Sudoku 33 - Easy

7		3	9		1	2		8
6	1	4	5	2	8		9	7
2	9	8			6	1	5	4
	7	1		9	4	8		
					5	7	1	2
8	3		6					9
9	2						8	5
1			8		2	9		3
3		7				6	2	

Sudoku 34 - Easy

3	8	7	9	6	1	4	2	5
	4	2		5	7		9	8
6	9	5	2	8	4			7
		1			5		6	4
						3	7	1
7		8	4			2	5	9
	7		6		8	5	1	2
8			1		2	9		3
			5		9	7		

Sudoku 35 - Easy

9	1	4	2	7	5		3	
8			9	1	4		2	7
						1	9	
2	5	1	3	9	7	4		8
	3	8		4		9		
	9	7	5			3	1	2
1		5			9		8	
	8		6	5	3			1
3	2		4	8		7		9

Sudoku 36 - Easy

	8	2		7	5	9	3	
3		6			1			7
	9	7	3			2	4	1
2	5		7	8	9			3
7	3	4	2	5	6			8
9	6				3	5		2
	7		8			3		5
8		3	5	9		6	1	4
4		5	6			7		9

Sudoku 37 - Easy

6	3	5	9				4	8
		2	3	6	4	5		9
9		1				3	7	6
5	1		6	7	3	2	9	
	9	6			5	7		3
3		7	4		8		6	5
	5			8	6			
	7		5				3	1
	6		2		1		5	

Sudoku 38 - Easy

6		7	9		8	5	2	
	5	9		3	1			4
	3	2	5	6	7			
5		6	1	9			4	
1	7	4	6	8	3		5	9
		4	7			6		
3	2	8	5	1	9	4		6
		8				9	3	5
4	9	5	3	6				

Sudoku 39 - Easy

	4		5	1		3	2	8
	9			3	2	4		6
1	2		8	4	6			5
9	1					3		
3	6	2		9	1		5	
		4	6	8	3	1	9	2
4		9		7		2	6	3
	8	1		6	5			9
7	3	6	9	2	4	5	8	

Sudoku 40 - Easy

	7			8				2
2				4	1	9	5	8
9	5	8		6	2		7	1
7		5	6	9	4	1		
3	8		1			5		
4		9				2	6	7
8	9	2	5			7		4
6	4	7			8	3	9	5
5	3	1	4		9			

Sudoku 41 - Easy

	7			8			2	5
		1		9	7	6		3
5		9	2		8			4
3		7			5			8
			3	7		2	4	6
6		5	8	9	2	1		7
4		1	5	8		6	7	2
8		2		1		3		
7	5	3	9	2		4		

Sudoku 42 - Easy

9	2		4	5			6	
6		5	9	8	7	1	2	4
4	8	1		3	6	5		9
				1			3	8
3	6	8				2	9	1
1	9			2	3		5	7
			5		2		4	6
			7	8				5
7			1		4	3	8	

Sudoku 43 - Easy

	3					1		9
6		9	5	3	7			
5	8		9	1	2			6
					9	5		8
	5	7	4			6		2
	2	8		5	1		7	3
8	7	3	2	9		4		1
2		6	1		8	3	9	5
1	9			4	6	2		

Sudoku 44 - Easy

	2			1	8	9		7
		5	6	9			1	2
3	1	9	8			6	5	
		6	9		8	2	4	
2	5	3	6			4	9	8
9	8		1	5	2		3	6
4		7	2	9	5		6	8
8	9	5			6			
			8			5		

Sudoku 45 - Easy

3	9		4	1	8	7		
	4		6	7	3			9
	8	7				3	4	1
7		9		4	1	5	8	2
2		8			9		1	3
4	1	3	8		2	9		6
		1				2		
9				7			5	8
5		6	9		4	1		7

Sudoku 46 - Easy

	8	5	1			3		7
1	4		8	7	3		2	9
			5			1	4	8
	3	7		9	4	2	1	
	1	2	7					3
			2	3	1		8	
	6	1		8		9		2
3				4		6	7	1
7	2	9	6	1			3	4

Sudoku 47 - Easy

3	1		6		4		7	9
6	7		5			1	3	
8	5	9	3					2
9	2		4	3			8	1
7		5	9	1		4	2	6
	4	8			7	9		
	8	1	7				9	5
4		3		5	2	8	6	7
5			8	9				4

Sudoku 48 - Easy

3			9		6			
7		5		1	4	8	6	3
	1	4	8	7				
	6	3						
	7		6	8			5	1
5		2		4			7	
	4	7	1	3	5	2	9	6
	3	6	7	2	8	5		4
2		1		6	9	7		8

Sudoku 49 - Easy

3	9	2	1		7	6	5	
			4	2		9	3	
5			6		9		2	8
4	6	3	8	1	2	5	7	9
7	5	8			3	4		
1	2	9	5			8	6	3
8		5			6			1
2	1					3	9	5
9	7	4		5		2	8	

Sudoku 50 - Easy

		3	6			1	4	
	4		3		7	6	9	1
	1	6	4				2	5
6	9				8	5		
3	8	1	5	9	4	7	6	
4		5	2	3			8	
		9	7	2	8	5	3	
8	3	9	1	6	5	2		7
5			4			9		6

Sudoku 51 - Easy

9	8	2			5		1	3
7		6	4	9		8	2	5
4	3			2	1	7		9
6		9	3	4			5	1
2		1	7			3		6
8	5		2	1			7	4
5	6			3		1		
1		4	5		7	6	3	2
3		8	1	6				

Sudoku 52 - Easy

		5	8	1	9		2	7
	1	2	7	3			5	8
8			2		5			9
5	8		4		1	2		3
4	9	3					8	1
		1	3	8	7		9	
7	3		5	2	8	1		
1	2	4	9		3		7	
		8	1	7	4			

Sudoku 53 - Easy

7	5		8	1		6	9	
3	9	8	4	2	6	1		
1	6		9	7		4	3	
8	7			6			2	
	2		7	8	4	9		3
		3	5			7	8	1
	3	6			7	8		9
9	1	7				3	5	
4		5	6	3				

Sudoku 54 - Easy

5			9		6		7	2
	9	7		8	4			6
	1	4		2	5	3	9	
4			8	9	7	5		
3		9			2		4	
7	8		4	5	3	6	2	9
	6	2			9			4
		3	2		1		6	5
	7	5	6	4	8	2	3	1

Sudoku 55 - Easy

	4		5	2	7		1	8
5		8			4	9	2	7
7	2		9	1	8	3	5	4
	8	3	1		5			2
1	9	5		4			3	6
			9	3		8	1	
2		1		3	9			5
	5		2	8			4	3
			7	5		2	6	

Sudoku 56 - Easy

3				4	8			1
9	2	4			3	5		
				6	4	3	9	
7	3		6			1	4	5
5	8		7	1	9	6		
	4	1				2	8	7
	7	9	1	8			5	4
8			3	4		6	1	2
	1			2	5		9	

Sudoku 57 - Easy

	4		8	1	5	2	9	6
8	6	9	7	2			1	
5	1	2				8	4	7
2	3	4	5			9		
	8	6			1	7		2
7	5	1	9		2		6	3
	2	5	4		9	1		8
1	9						3	4
4	7	3	1	6			2	

Sudoku 58 - Easy

	3	2	5		1	8	9	4
		9				6	5	
9			8	4	6			
4	2	5	3	8	9	1	6	
8		6		1	4	5		9
	1	9	7			5	4	
1		7			2	9	8	5
5	6	3	4	9	8	7		2
		8	1			3	4	

Sudoku 59 - Easy

7			1			8	5	2
8	4	5		9				
			5			7	9	4
1			2		3	5		9
	2	8	9	1	5	4	6	
5	9	4	8	7	6	2	1	
4	7			5			2	8
2			4	8	1	9	7	
9		1	6	2		3		5

Sudoku 60 - Easy

9	7			4		6	5	
4	8		9				7	
	3	5		7	8	1	9	4
8		3	6	2		7		9
5		9				2	4	6
				1		5		3
1	6	4	5	9	3	8	2	
2			7	6	4	9	3	1
3	9	7		8	2	4	6	

Sudoku 61 - Easy

3		8			4	6	7	2
5	6	4		7		8	9	
7	9	2		3		4	1	5
	5	3			1			
1			6	7		5	2	4
	2	7	9	4		3	8	
9	3	5		2		1		6
2		1	6	5	9		3	8
8	7						5	9

Sudoku 62 - Easy

			6	9	3	8	2	1
3	6	8	2		1	5	9	7
2	1		8	7	5		3	
5	2			8		9		3
8		3	5			1	7	2
	4	7	9	3	2			5
6	5		7	2			1	
9	8		3	1		7	5	4
			4		9			

Sudoku 63 - Easy

	7		5	6	2			8
1		8	3	9		7	6	
			1		8	4		3
8	1		6			5	4	9
			7	8	1	6		2
2	3	6	9		5	1		
			4	5	9	2		
5	6	2	8	1		3	9	
7		4	2	3	6	8	5	

Sudoku 64 - Easy

9	3	1		4	2	5	8	6
		6			1			
	4	8	6		5	9	2	
		9	2	1		4		7
1	7	2	5				9	
3			8	7		2	1	5
6	8	3		9			5	
2	1	7	3	5	8	6	4	
			1	2	6	7	3	8

Sudoku 65 - Easy

8	9		7		6	5	4	3
			1	3	6	8		9
3	5			9	4		1	7
	8	3	6	7	9			1
5	1		2	4		3	7	
7	6	4		3	5	9	2	8
9	2					1		4
1			4	6	2	8		5
	4		9	5				2

Sudoku 66 - Easy

	4	1	7				8	2
8	5		4			9	6	
9	3		8	6				4
			2					
7	9				6	4	2	8
4	2		9	5	8	1	7	6
	1		6	7	4	2	3	9
2	7	4	3	8	9	6		5
	6			1	2	8		7

Sudoku 67 - Easy

5		2	1	8	3		6	4
	6			5				3
	4	8	7			5	2	1
4	7		5	2				
2	3			1	8	4	7	
9	8	5	3			6	1	2
6	5	3			1			7
8	2	9	4		5	1		6
	1		6			9	5	8

Sudoku 68 - Easy

1	7			5	8	4		3
2	9	8	3	4		1		6
3						9	8	7
8	2		1	7	4	3	6	5
		1	8	3	5			9
7			6	2		8		
	1	3	7	8			9	4
	4		5	6	1	7	3	8
		7			3	6		2

Sudoku 69 - Easy

	7	5	8	1	3	2	9	
3	8	4		7	9	5	1	6
	1		6	4		8	7	
	6	3	9	2				8
	4	7	3	5		1		9
	9				4	6	3	5
		6	4		8	3	5	1
4				7			6	
1			5	6	2		8	

Sudoku 70 - Easy

5	1	6	9	8	3	7	4	2
8	9			1	7	5		
4	7		5		2	1	9	8
7	2		1	9				6
		4	2		6	9		7
	8			3	4	2	1	5
3	5	7						1
	4	8		7			5	9
9		1	3		5	8	7	

Sudoku 71 - Easy

3		1	7			6	9	5
7	4		1			8	3	
	8	9	3		2			1
2	6	3	4			5	8	7
5		8	2			3	4	9
4	9	7	5				2	6
	7		6	1	3	2	5	
	3	6	9					1
1			2	8	4	7		

Sudoku 72 - Easy

3	2		7				4	
6	1			4	9	7		3
4		7	3	5		2	1	9
5	7	4	8	9				2
8			1	7		9		4
9		1		6				7
		6	9	2	4			8
7	9						2	6
2	4	3	6	8		5	9	1

Sudoku 73 - Easy

	8		5	4	1	6	3	
			8		2	9	1	7
	1				6		4	
4				2	8	5	7	
	2	5		6	7	3		4
1	7	3	4			2	6	
6	4	7	2	9	5	1	8	
			7			3	4	
	3	8	6	1	4	7	5	9

Sudoku 74 - Easy

8	5		3	7		9		6
3	6	7		1			8	2
	2	4	6		5	3	1	7
2			6	9	4			
	3	2		8		6		
1		6	7		3	8	2	5
4	7	9	5				3	8
	3	8	4		7			1
5			8		6	7		4

Sudoku 75 - Easy

		8	6	1				
7		1						9
6	2	9	7	8	5			3
	3	7	9	5		8		
1	8		3	6	7		5	4
9		5	4	2	8	3		7
	1			4		7		2
2	9	4	1	7	6		3	8
5	7	3	8	9	2	4		

Sudoku 76 - Easy

	5	3	7		6	9	8	1
9	4	7	5			3		2
8	6	1		3				
	3	5	8	2	7	6	9	
		3				1	2	
4	2	6		1	5	8	7	3
			9	8	2			
	9			3			1	
		8		5	2	7	3	9

Sudoku 77 - Easy

9				8			1	3
8		7	5					
6	1	3	9	4	2	7	8	5
2	7	4	8	1	6	3	5	9
	8		4			6	2	7
	9	6			7	8		1
7	3		1				6	2
4	2	9	6	7		1		
1	6	8	2	9				4

Sudoku 78 - Easy

1	6		5	7			4	
	2		1	4	9	6		
3		9			6	7	5	
8	7	6	4				9	
2	5			9	3	1		
	3		7	2				5
7						3	2	4
	1	2	5	3	4		7	9
4		3	9		2	5	1	6

Sudoku 79 - Easy

8		4	6	5	7	1	2	
7	3	1	8	9	2	6	5	4
6		2		3	1	8	9	
	6	5	3	1	8			
			5	2		3	6	
		3		7	6	2		
	4			6		5		8
	8		7	4			3	
5	2	9	1		3	7	4	6

Sudoku 80 - Easy

	4			3	9		8	
	9	2	5	8		3	4	7
	8	1			6	5	9	2
		8	3	2		7		
9	7		6		8			3
2	6	3	1			4	5	8
		9	7	4		2		6
	5		8	6		9	3	4
4	2							

Sudoku 81 - Easy

	2	5	3	4	9	1	6	8
3	1					7		2
6	8	9	7	1				5
4		8	1	7			2	6
1	7	2		9	5	8		
5	3	6		2	4			
	6	1	9			2	5	4
		3	4	8		6	7	9
	4	7			6		8	1

Sudoku 82 - Easy

			5	1		8		6
	1	8	4	3	9	7	2	
5		7	2		6			1
2	6	4		9	3	1	5	
7	8	1	6		2		4	9
9	3	5		4		2	6	
		3	9				1	4
4				1	5	8	2	
1	5		8	2				3

Sudoku 83 - Easy

8	7	5			3	2	9	6
1			5		7	8		3
6	3	4		2	8		7	
3	8	1	4	9				
2		9	3		1			
7	4	6		5		3	1	9
5	2	8			9	4		1
	1		6	8	4	7		
			2	1				8

Sudoku 84 - Easy

	3	8	2		7	5	1	4
	1	2	4	3			7	
		5		6	8	9	2	3
1		7			6		9	5
8	9	3		1			6	7
5		6	9	7	3		4	
	8	9		4				
		4	7			1	6	3
7	6						8	2

Sudoku 85 - Easy

		5	8	6		9		3
6		9	7			1	8	
2		3			4	7	5	
	9		5				2	
3		7	6	2	8	5		4
5	2		1	3		6	7	8
4		1				8		
9	6				1	2	3	5
7		2	3	8	6		1	

Sudoku 86 - Easy

6		2	8	7	4	9		
4	9	5	6	1		8		3
1	7	8			9	2		4
	6		5		8	3		
5	2		1		7	6	4	8
	1		4	6		5	2	
2			7		6		3	9
	8		9	4		7	5	
	4		2				8	6

Sudoku 87 - Easy

	6	8				9	7	3
5	9		8	7	6	4	1	2
2	7					5		
6		9			3		4	
4		7		9	8	3		1
3		1	7	2	4		9	
7	3	5	4	6		1	8	
8		6				7		4
	4		1	8	7	6	3	5

Sudoku 88 - Easy

8	2	6	7		3		4	5
			9			6	8	2
	9	5	6	2	8	3	1	7
9		4	8		1			6
1				6	9		5	3
6	8	3	2				9	
7		1	3		6	5	2	9
		8	9		2			1
	3			5				8

Sudoku 89 - Easy

	6			5	8	2		
3	8			9	2	4	1	
			4			3	5	8
7			9	2			8	3
6		3	1	8			9	7
8	1	9		3	7	6		2
		2	6	4	9			5
5		8	2	7		9	6	1
9		6	8	1	5	7	2	4

Sudoku 90 - Easy

2	7		4	6	3		9	
		4	8		1	3		2
9	3		7	5	2	8	4	6
4		5	1			2		
3	2							7
7	1		3	2			6	8
1			2		9	6	5	3
8	5	3	6					4
		2	5			7	8	1

Sudoku 91 - Easy

1	7	8	2				3	5
9	6		7	5		1	4	8
4		5	1	8	9		7	
	1		8	7	5	3	2	4
3			6		2	8	9	1
8				3	1			7
		6	5		7			3
7		1		9	8	6	5	
			4		6	7	1	9

Sudoku 92 - Easy

	4	2		7	1		3	6
	5	7				2	1	
		9	5	6	2		8	7
	8	6	7	5	4	3	9	
7			8	1	9		4	
	9		2	3		8		
5	6	4	3	9			2	8
			6	2	8		5	4
		8	1		5	7	6	3

Sudoku 93 - Easy

	2	1		9		3	5	
3				2	5			1
		6	1		3	9	8	2
6	3		4		9	1	2	
	4	5			8	6	9	
1			7		2			3
9	1				4	2	7	
4	7		9	3	6			
5		8	2			4	3	9

Sudoku 94 - Easy

1				8	9	3	6	2
	5	2	4	7	6		1	9
8		9	3			4		7
		4		3				1
5			6	9				4
6		8	1	4	7		9	3
	3	5	8		4	9	7	6
4	9	6						8
7	8	1		6	3		4	5

Sudoku 95 - Easy

			4		8	1	9	7
1		4	3			5		2
9	8	2	5	1	7	6		
4			8		2			5
			7	3				6
6			1			3		8
2		8	6	4	1			3
7	4		9	8	5	2	6	1
5		6	2	7	3	8		9

Sudoku 96 - Easy

	5		3	2	6	8	7	
2	3	9	5	8		4	6	1
	7	8	4	1				5
	4	5	1					
3	1	6	8	9		5	4	7
9	8			4	1	3		
5	2	3	9	7	8			4
	9	7	6	4				
	6	1	2		5	7		8

Sudoku 97 - Easy

6	8		1	3			2	5
7	5	3	4		2	1	9	
1		9		6			3	
8	9	5	6					2
		7			8			9
2	6	1		9		8		
		2	8		3	9	6	
		6	7		1	5	8	3
3	7	8		5	6	2		1

Sudoku 98 - Easy

7	8	9	4			3	5	6
1			6	8	3	4	7	9
	3			9		1		8
8		4		6		2		
6		3	2	5	4			7
	2	7	8		9			4
		1		7	8		4	2
2	7				6	9		1
9			2	1	7	6		

Sudoku 99 - Easy

2		4			3	9	5	1
5		8	6	4		3		
7	3	1	5	2			6	
1	5		4		8	7		9
	7	3	2			4	1	
			1		7		8	5
	1	9	7	8		5	4	
3	8		9		4	6	7	
4					1			

Sudoku 100 - Easy

8	1		9	4	7	3		
		4	5		3	9	1	
		9			2			5
4	5	7	6	3		1	9	
	8		7	1		5		
	9		2		4	7	3	
	7	1		9	6	2		3
3		2	8	7	1			
9	4		3			6	7	

Sudoku 101 - Easy

	4		5		9		7	2
	7	3		8	4		5	9
		5	2	7	1	3	6	4
	8	9	1	2		5	4	
		2	4		6	7	3	8
3	6		8	5		9	2	
		6		1			8	
	1		3	6		2		5
5	3	8		4		6		7

Sudoku 102 - Easy

5	2		3	1	4		7	6
6	3		2	7	8		5	
7	8	4		6		3	2	1
9			5			4		8
8	5		4	3	9	6		7
1	4		7	8			9	
	7		8	4	2	1		9
4						7	8	2
2		8		9		5	4	3

Sudoku 103 - Easy

6	9	3		8	1			7
2	7	5	3	4		1	9	8
	1		9	7		5		6
9	2		7	5		3		1
7	5	1					4	
8			1		9		5	2
5	8		6	9			1	4
1		9	4	2			7	3
	4			1		9		

Sudoku 104 - Easy

	5				2	6		
	9		7	5		2	4	3
4	2	3		8	9	7		1
	7			9		1		
1	3	6	4		7	5	9	
9	8	5	1				7	2
		9	1	6	8			5
8	1	2	5	3	4	9	6	
5			2	7	8			4

Sudoku 105 - Easy

6	2	9	4		5			8
		8					5	
			3			6		2
			7	4	2	5		9
	8				3	2		4
	4	7	5		8	1	3	6
8		3	2		4	7	6	1
4	1		8	3		9		
7	5		1	6	9	8		3

Sudoku 106 - Easy

1		5	6	7		2	8	4
	6	8		9	2	7		3
	2		8	4		9	6	
2	4		7		8		1	
3			4	2		8	9	
8		7		3	9	4	2	
9	3	4	2			5		8
		1	9	8				
			3	5	7		4	9

Sudoku 107 - Easy

4	3	6	1		5		9	8
		9		6	8	1	3	5
5			9	7		2		6
3	7	4	8	9			1	
9					1	6	7	3
			3			4		
8	4		7		2			1
2	1		6		9	3	5	4
		3	5	1		8	2	7

Sudoku 108 - Easy

5	3	7		1		8	9	
	6			5	9	4	7	
4	9			3		5	2	1
1		2						
8		6		7	5	2	1	9
		3		2	1		8	7
3	8	4	1	9	6		5	
	2	9	5	4	3			8
6	1		7	8			3	4

Sudoku 109 - Easy

3	1	9		5			7	
5	4	7	9	3	2	6		1
				7	4		9	3
9		8	5	6	7		4	
	7	5		2		8		
2			8	1	9	7		5
8		1	2	4	6			
7	2		3	9	5			
4						9	2	6

Sudoku 110 - Easy

	5	6	8				7	
7	3	9	1		4			8
	8	2		3			4	5
8	2		7	9			5	4
9			2	4		8	1	6
6			3	1			2	9
5	6	7	9		2		3	
2	1			6	3	5	9	
	9	4	5	7			8	2

Sudoku 111 - Easy

5					4			9
8	1			7	4	5	3	2
9	3	4					6	8
7			9			1	8	4
	9	3	7	4			2	
		8	5				9	
3	4	1		5	9	8	7	
6	5	9	3	8	7	2	4	1
	8	7	4		1		5	

Sudoku 112 - Easy

4		3		2			6	8
	2	1	3		6	7	5	
8	6		4		9	1		
	9		5	7	2			1
1			6	9	3	5	2	7
			4	1				6
6			7	3	4		1	5
7				5	4	8	3	
		4	2	1			7	9

Sudoku 113 - Easy

9		3	8	7	5		4	2
5	6	7	1	2	4			8
4	2	8	3	9	6		5	7
1		5				2	6	9
		6			1			
3	7	9						
6	5	2	7		8		1	
8				1		5	7	6
7	9	1		5	3	8		4

Sudoku 114 - Easy

7	1	6	3				4	2
	9			6		1		8
	8		4	1		6	9	7
	3	7		2		9		
	2	8	5		9	7	6	4
6		9	1		7	3		
	5	4	8	7		2	1	9
	6	2	9	5	1	4		3
9	7		2			8	5	

Sudoku 115 - Easy

6		8	3	7				5
	7	6	1	9	8			3
1	2	3		8	4		6	9
			4	6	3		5	7
	5				8	3		6
7	3		9	5			8	
3			1	9	6		7	4
		4			7			
9		1	2	4	5		3	

Sudoku 116 - Easy

			3	4	8			2
		5				9	6	7
2	8	7		9	6	1	4	
5	1			3	6			
3	4	8	2	6	5	7	9	
6	7	2	9		1	3		5
	6	4		5		2	1	
7	5		6	2				9
8	2	3	4	1			7	

Sudoku 117 - Easy

	9		3	5	7		2	
	7			6	8	4		9
3	6	8	4		9			
6	1		2	8	4	9	7	3
	8	9	6			1	5	4
7	4			9	1		6	2
1	2	4	8			7	9	
9	5				2			
8	3		9					6

Sudoku 118 - Easy

2	5	9	1	7	6	4	8	
	4							9
	9	7			4	2		
5		8	6	3	9		2	7
	3		7	4				6
	7		1	8		3		5
6	5	9	4	7				2
7	4	3	5	2	8	9	6	1
2	8	1	3			5	7	4

Sudoku 119 - Easy

		3	6	7	1			
	8		2		5	6		
4	6		9	8			1	
8	3		7	6	4	9	5	1
		1	3			4		7
7	9	4			8		6	3
2	4			3	9	5		
3		9	8		6			
5	1	8	4	2	7		9	6

Sudoku 120 - Easy

		9	8	6	2			
2	6		3		7	9	4	
1	3	7	4	5		2		8
6	1	4	7		3	5		2
8	9		1	2	6	4	3	7
7	2			4			1	
		6	5	3	1	7	2	
	7	1		9		6		4
9	5	2				1		3

Sudoku 121 - Easy

9	1		6	5	8	2	7	
7	8	5		3		4	6	9
6		2		9	4	5	1	
3		8		4			9	
				7		3		1
1		7	9	2	3	8	5	6
	7	1	3		9	6	2	
		3		6		1	8	
	5	6		1	7	9	3	4

Sudoku 122 - Easy

4	8	1		2			6	
				8	4		2	7
2		7		3			8	
	4	8				5	3	9
	6	5			3	8	7	
	2	9					1	
5	3	6	9	1	7			8
	7	4	3	5	2	6	9	1
	1		8	4		7	5	3

Sudoku 123 - Easy

6	7	8		3	2	4	9	
	4		7	6	8	5		3
	3	2			4	8	7	6
		6	2	4	1			9
		7				2		4
	2		3			6	8	5
	6		1	8	5	3	4	
4	8	3	6	7	9		5	2
	1	5	4	2		9		8

Sudoku 124 - Easy

7	5	1	9	8	2	6	3	4
4	8	3					2	1
2				3	4		7	8
	2				3	1		7
3	7	9	6	4	1	8	5	
8		4	5	2	7	3		
5	3			6		4		
9			4	1		7	8	3
1	4		3				6	5

Sudoku 125 - Easy

	3	4			9	6		5
	1		2	5	7	8		
5	8			4		2	1	
8	6		3		4	1		7
						9		
7			5	6	1		3	
3	5	8		1	6	7	9	
9	2	1		3		5	6	4
4	7		9	2	5	3		1

Sudoku 126 - Easy

5				9		8	4	2
			7	2	4	1	5	3
		1	5		3	7	9	6
6	4				1	9	8	
	9	5	6		8		2	1
				5		6	7	
	6		2		7			9
	1		8	3	5	4		7
	5		4		9	2	1	8

Sudoku 127 - Easy

	1		5				4	7
2	7	4	1	3				9
8	5			7		1	2	3
		7	2	6		4	9	1
1		6	4	8		7		2
4			7	9	1	5	6	8
7	4	1		5		3		6
9				4	7		1	
3				1		9	7	4

Sudoku 128 - Easy

	2		9		5	7		8
4	7	1	8	2				
5		9		6	1	4		2
	3				4		8	
9	4		1	8				
		8	3	5	2	9	4	
3	5	4	2		9	8	7	6
		7	4	3			2	5
	1		5	7		3		

Sudoku 129 - Easy

	9		7		5	4		
7		4				5	6	
5	2		4	3	6			1
6	8	9	2	4	7	3	1	
4	5	3	6			8		
1		2		5	8		4	6
	6		8	7		2		4
8				2	9		3	7
		7	5		4	1	8	9

Sudoku 130 - Easy

7		6	8	1	3	2		4
8		5		2	4	1		
2		4	5	6		9	3	8
	7			3		4		1
6		1		7		5	2	3
4			1	8	5	6	7	
	5		2	4				6
1	4	8	3	5	6			2
3	6				1			5

Sudoku 131 - Easy

1	7		3					9
3	9	5	7	8	6	1		4
	6	8			1	7	5	3
7		6		3	4	2		1
	1			2	9		6	
2		9	6			8	3	5
5		4	1	6		9	7	8
6	3	1	9		8		4	2
9				5				6

Sudoku 132 - Easy

		1		4	7			3
	8		2	3		5		
3		4	7	5			8	6
	5		3	4	9		6	7
8	6	3	2	1		5		
	4	7	6	8	5	2		1
6	1		5	3		4	7	2
2		5	4	9			1	
4		8		7			9	5

Sudoku 133 - Easy

6	2		5	9		3	7	
			6	1	4	2	9	
	9			7		4	6	5
	7	9						
4		2		5		8	3	
3	6	8	2		1	9		7
9	4	6					8	3
1	5		7	8	9		4	2
		7	4	6	3	5		9

Sudoku 134 - Easy

			1	5		2	9	6
	1	5	7	6	2	3		
4		6	9		3	7		
1		2	3	9			7	
6	8		2		7	4	5	
5		3		4	8	9		1
		1	5	7	9	8	4	2
	5	7				1	3	9
2	9			3	1	5	6	

Sudoku 135 - Easy

8	5	7	4			2	9	1
		1	7	2	8		6	4
2	6		1	9	5	7	3	8
7	3	8	5	4	9	1		
	2	9		6	3		5	7
6					1		8	
4			9	8			7	
5		2				6		
9	7	3	6	5			1	

Sudoku 136 - Easy

6			1	5	7		3	8
	3			4		9	6	
8	2	1			6	4	5	
3			5	6	4		7	9
	9					6		5
	1	6	7		9			
9			4	8	2	5	1	6
		8	9	3	5		4	2
2	5	4		7	1	8	9	

Sudoku 137 - Easy

3			1		4		2	
1		9	3	6	2	4		
4	2	6		7	8	3		9
	3		9	8			6	4
		4	7	2			9	1
8	9			4	1	2	5	3
9	1	8	2	3	7	5		
6	4	3	8	5		1		2
7		2	4	1				

Sudoku 138 - Easy

			3	1	4		5	
	5		2	8	9		7	
8	4	1	7		6	9		2
1	6	9	8		3	5		
4		8		7		3	1	6
5					2	8	4	
9	8	5	4	2		1	6	
6	7				1	2		
2	1	4		3				

Sudoku 139 - Easy

		5		6		3		
	3		7	8			4	2
			4		1		9	5
9	6	3		4	5	8		
8	2	1	9	6	7		5	4
	5	4	3	1	8	9	2	6
4	1		6	9	2		8	
3		6	8		4		1	7
	8		1		3	4	6	9

Sudoku 140 - Easy

	1	3	5	9	4			2
5		9	1	8	2	4		
		2	6		3	1	5	
8	4	5	2			9	6	
	2	7	8	6	1	5	4	
	3	6		4			2	8
2	9	1			6	3		
	6				8		9	
		8	4		9		1	

Sudoku 141 - Easy

4	5	8			1			
3			5				4	7
6		1			4	5	3	8
5	6	7		4		3	8	1
		4				9	2	5
2	9	3		1	5			4
1	8	5	4		3		7	
7	4			2	9	8		
9			7		8		1	6

Sudoku 142 - Easy

1				8				3
3	6	7	4	1	9			2
	2	4	7		5			9
9	8	2			1	6	4	5
4				5	8	2	1	
		1		6	4		3	
	1		5			7	8	
	9	8	1	4	3			6
		5	8	9	6	3	2	1

Sudoku 143 - Easy

3	9	1	7	6	8		2	
8	2		5		1	9		
	7	5		3	2		1	6
	5	3	8	7	6	2	9	
		2	3	9	4		5	
9				5			6	8
		9		5	3	6	8	7
	6		2	8	7			9
	3	8				5		2

Sudoku 144 - Easy

5	6		7				4	
		9					7	3
1	3	7	2	8	4	9	6	
		5		6	2	8	3	
4			1		5			
9	2	6		4		7	5	1
6	7	4	3	9		5		
2		8	4	1				6
	9			2	6	4	8	7

Sudoku 145 - Easy

	1	5		4			9	2
2	9	3		6	1			
8	4	6	5		2	1	7	3
	7			5		4	3	9
4	5		9	3			6	1
1	3		4	2		8	5	
5	2		6	7			4	8
				1				6
3	6			8		9		

Sudoku 146 - Easy

9	2	4	5			6		1
6	5	8		1	7			
1	3		6				8	
3		2	7		6	8	9	
	6	9	4	3		2	1	7
7		9		8	2	5		
4	7	5		6	1		3	2
		2		5	1	4		
2		1	3	9		7		

Sudoku 147 - Easy

		2	7			6	5	
5	6	1	4	8	3		9	
9	7		5					8
	9	8		2	5			6
4	1	7	6	9		5	2	3
6	2	5		3		8	1	
		9	3	1		7	8	5
1	5				7	9	6	
7	8		9	5	2			

Sudoku 148 - Easy

		2			1		8	
6	1	9	8	3			4	2
	5			2				9
	7	6		8	4		9	1
1	2		9		6		5	3
	8		1		2	4	7	
8	6	5	2	4		1	3	
4	9		7	6	3			8
		7	5		8			

Sudoku 149 - Easy

1	2					3		9
7			3	9	2			4
4	3	9	2	7	5	8		
2	8	6	9	5	7	4		
		1	6	4		9	8	
		4	3	1	8	7		
6			8		4			3
	3		5	2	1	6	9	7
9			7	6	3	5		8

Sudoku 150 - Easy

5			1	3		8		2
1		8			9	7	3	5
3	6		2	8	5		4	
	8			4	1	2	7	3
2	5	3		7			8	4
4			8	2	3	6		
8	1	6				4	9	
	3	2	6	9	4	5	1	
9			7	1	8	3		

Sudoku 151 - Easy

	2	8			3			
6				1			3	9
1	3	5			4	2	8	7
8	9		1		7	3		6
	7	6			9		5	1
3	5	1			2			8
4	6	2	7		1	8	9	
5		9		2	6			3
		3	9		5		6	2

Sudoku 152 - Easy

1	9		4	6		8		5
6			5	8		1	9	
		5	9		1	2		7
8	3	6	2	1			7	9
	1	9			4		2	8
2		4	6				5	1
			7		9	5		
7		1		2	6	9		
9		2	1		3	7		

Sudoku 153 - Easy

	7	4	3	6		8	9	2
6	8	1	7	2	9	3	4	
2	3	9	8					
4	9		1		5	7		
		6	4	9	7	2	1	3
3		7	2	8				9
9			6		3		2	8
	6	8			1	2		
	2		5					7

Sudoku 154 - Easy

8	1	2	9	6	5	3		
	3	4	2	1		9		6
6	7	9		3	8			1
9		7			1	6	3	2
	4		6		2	7		
2	6	8			3	1	5	
	8	3	5	2	6	4		
		5	1			8		3
7		6		8	4		1	5

Sudoku 155 - Easy

8	3				7		6	
		2				5	3	7
7	6	5		3		4	9	8
4	8	3		2	1			5
	1	6	5			3	8	
	7		3	4				2
3				9	5	1	4	6
	4				3	8	5	
9	5	1			4	7	2	

Sudoku 156 - Easy

3			6	4			2	9
9				1	5			7
		8		3	9		1	
8		4	5		7			2
7	6		4	8			5	3
	1	9	3	2	6			8
4	9		8	6	3	2	7	1
	8					4	9	
1		7	9			4	3	

Sudoku 157 - Easy

6		5		7	3	9	1	
			6	5			3	2
7		2	1		8	5		
5	8	6	7		1			9
	2	3	6				8	7
	7	4			3			
	5		8	2		6		1
	6	8	5	1			9	3
		1	3	4		8	7	5

Sudoku 158 - Easy

2	9	6	1	7	8	3	4	
7	4			2		1	9	
5	3	1		4	9			8
1	8	7	5	6	2		3	
	5				4	7		
9		4	8	3	7		5	1
8			4	9	3		6	7
		9	2	5			1	3
3				8	1		2	9

Sudoku 159 - Easy

	5		3	1			8	
2	8	9		6		3		7
1		7	9	2	8		4	
	1				9	7	6	2
	6	4	7	5		1		
7			1		6		5	
8	2	5	6	4	3		7	
9		3	8		1	6	2	5
		1	2	9	5	8	3	4

Sudoku 160 - Easy

5			8	1	4	2	3	6
	4		9		6	1	5	7
1		3	2		7		9	
6	8	1	7	2		3	4	5
	3		1			7		
4	2	7						8
	5		4	9	1	6		
8	1		6			5	2	9
3	9		5	8		4		1

Sudoku 161 - Easy

2		4	6	3	1	8	7	9
	1		4	8			5	2
		6	5	7	2			1
		9		4	6	5	2	7
6	7		2		3		9	8
4			7	9			3	
5		1		2		7	6	
9	6	7	3			8	2	
		4	2	1	6	7		

Sudoku 162 - Easy

8	5	7	1	6	9		3	
	3	2	5	7		9		6
4	6	9	2	3				1
7		4	6	9	5	8	2	
	2				3	5	4	9
	9	5	4		2		6	7
					6	4		
	4	1	3		7			8
2			9	4		3	7	

Sudoku 163 - Easy

	2	5	3	1	4	6	9	
	4	1	9	2			5	
3				6		4		
		7	2	8	3	1	6	5
2	6	3	5	9		8	7	
5	1	8	4	7	6	9		
8		2		4	9	7	3	
9		6	8	5		2	4	
1		4	6					

Sudoku 164 - Easy

	4	2	9	6	3	5		
6	9		2	1	7	8		4
		4				9		
	1	9	5	2			8	3
		3					6	5
	7						1	9
9		1	6	8		3	4	
3	6	4	1	7			2	8
7	2	8	3			1	5	6

Sudoku 165 - Easy

		4		6		9	5	7
		6			7		4	3
7	3	9	8	4		6		1
1	7	5	6	3				4
3		2			1	7	6	
9	6	8	7	2	4	1	3	
	8		4			5	7	
4	9	1	5	7				6
5	2	7			6		1	9

Sudoku 166 - Easy

		8	3	9			6	1
9	7	6	4	2	1			
5	3	1	7			2	4	9
3	9		6	4		1		
	6	4	1	8	2	9		
	1	2	5		9		7	4
6				5		8	1	
1	8	3	2	7		5		
	5	9		1				7

Sudoku 167 - Easy

		8			4	5		
3	4		2		5	1		
	5	7		1	9	4	8	
8	2	3			6	7	1	5
4		6	5	3			2	9
1	9	5		7	2		3	4
5	6	2	1	9	7	3		
	3		4				6	
7		4	6			9	5	

Sudoku 168 - Easy

6		8		5			2	1
4						5	3	
5	2	1			7	4	9	6
2	1	6		9	8			
7	5	3	1		2		8	9
9					6	1		2
8	9	5		6		2		4
3	6	2	9				7	
1		7	2		5	9		

Sudoku 169 - Easy

2		8	6	3		4		5
5	7	3			4	8	6	
6	4	9	5	7	8		3	1
8	5			9	6	3	1	7
7		1	8	5			2	
		4	7			9	5	
1	2	6			5		8	3
9			1	8		5		6
4	8			6	7		9	

Sudoku 170 - Easy

1	4	7	2		3	8	9	5
8		6	9				1	3
9	3	2	1	5		6	4	
2		9			1	7	5	8
	7		8				6	
3		5	7		6	2	1	
7		4	6			5		
6	9			3	2	4	7	1
5		3	4				2	

Sudoku 171 - Easy

6	8					2	5	9
3		4	5	9		6		1
9		2			8	7		4
5		8	4	2		1	6	
2		7	8			9	4	5
	1			5	9	8	2	7
7	4		9		5			2
			3	7			9	8
8	3	9	2	1	4		7	6

Sudoku 172 - Easy

	5	3	7		8	1	6	2
6	7	9					5	4
		2	6		5	7		3
	2	8					1	7
7	4		3		1		2	
5	9	1				3	8	
2	3	5		1	4	6	7	9
						5	3	
	6		9	5	3			1

Sudoku 173 - Easy

4		3	6	8	2	9		
	5	8		9	1		7	2
	2			4	7		3	6
2	1				6			4
9	3	5	8	1	4	2		7
			7	2	3		9	5
3	9		2					
5		4		7	9	6	2	
7	6			3		5	1	9

Sudoku 174 - Easy

	6	1				4		3
	9	5	6		4		8	1
			1	3	7	6	9	5
9	7		2			5		
			3	1	8	9	4	7
4	1		9	7	5	2	3	6
6							5	2
8	4	2	5	6	3		7	9
1	5	9	7	8				

Sudoku 175 - Easy

	8		5			9		
5	3		8	1	9	2	7	6
9	7	1	6			8	4	5
		6	4		3	1	5	7
7	1	8	2	5			9	4
3	4		7				2	8
8	2		9			6		
4			1	2	8			
1	5	9	3	6	7		8	2

Sudoku 176 - Easy

		5	8	6	4		1	
7		4	3			8	6	5
1	8	6		7		4	2	
4		7	6	9	8	3	5	2
6		8	2	5				4
9			4		1		7	8
	7					9	8	1
5	6		1		3	2	4	7
8	4		7		9		3	

Sudoku 177 - Easy

8		1			9	5	6	
6		7	5	1		2	9	
	9		6	8			1	
9	1	4	2			7	3	
	2		3			9	5	1
3			9	7	1			
2				6		1		9
		5		9	7	3	8	2
4		9	1			6	7	5

Sudoku 178 - Easy

3	9	6			5		4	1
4	5	1	3	6	7			
			9	4	6	5	3	
	8	2		1		4		
	1		6			8	2	5
	3						7	8
	2		5	7	6	3	8	
8	4		2	3	1		6	7
		3	4	8	9	5		2

Sudoku 179 - Easy

	4		6				3	9
3	6	5		8	9			2
	7	2	4	3	1	5		
8		1		7	4			
6	5	4	9		3		2	
	9			6	2	4	1	5
2	3		1			6	5	
	8		2			3		1
4	1			5	6	2		

Sudoku 180 - Easy

	3		2	8				9
8	6					5		2
2		1		6	3	4	8	7
	5		1		7		2	8
1	7	2	6			3		4
	8	9	3		2	7	1	
7		6	4	2	5	8		
3	2	8	7	1		6		5
9							7	1

Sudoku 181 - Easy

7	9	1	6	8		2	3	4
6	3	4	1	2	7	9		
8			9		4		7	6
1			4					2
	6	8		1		4	5	7
5		3		7				
		6		4		5	2	3
	1	7	5			6		8
4	5	2	8		3	7	1	9

Sudoku 182 - Easy

	5			9	6	7		
	7	3	1	4	8	6	5	9
	6		7				3	1
	2	1	6	7		9		5
	9	4		3	2	1	6	7
7	8	6		1	9	3		2
9	1		4	8	3	5		
6			2				9	8
8				6			1	

Sudoku 183 - Easy

	1	9	6	7	4	8		3
	7		9	8			2	
	8					7	6	
7		2	4	3	1	9		5
5			8		6	2	1	7
		1	2			6		
9			1		3	5	4	8
3	4	8	5		9	1	7	
1		6		4		3		

Sudoku 184 - Easy

5	3	2	4	9	1	7	8	6
8	7		5	2	6	9	4	3
4	6	9	8	3	7		2	5
7		5	6	4	9	3		
3		6	1			2	9	4
1			3		2		6	
		8	9				7	
	5	7				8		
9	1		7	6			5	

Sudoku 185 - Easy

	6	5	1			7		9
7	3	8	4				6	2
1			7	6	8	5	4	3
9		7	5		1		3	6
		2	6	3		9	1	
3		6	9				7	5
		1	3	9	4		5	8
	9	4	8	7	5	3	2	1
5	8			1			9	

Sudoku 186 - Easy

	1		6	8		2	9	
	9		7	5	2		4	3
2	5	4			1	6	7	8
			5		3		6	
			2	6	7		8	4
	6	5	8		9	3		1
			1	9		7	3	2
9	2	3		7	5		1	6
		1			6		5	

Sudoku 187 - Easy

	2	6		3		1	8	4
	8	1		2		5	7	6
		7		6			3	
4	7			9		6		8
6	9	2		8		4	5	1
	1	5	6		2		9	7
		9	3	1	6			2
	3		2	7		9		5
2	6	8	4	5	9	7		3

Sudoku 188 - Easy

8	1	5		3	7		4	9
9	7	3		8	2			
	2	4	1	5			7	3
	8	7		4				6
	9	2				3	5	
5		6	9	2				7
		8		7				
7	6	9	8			5	3	
2	4		3		5	7	6	8

Sudoku 189 - Easy

	9	5		2	7			3
1		3	5	9	6	4	8	2
	8	2	4		1	5	7	
2				8	9			5
5	3	8	9		2		4	1
	1	4	3		5		2	
7	5	1		8	3		9	
	2	9			4			6
			2	1		7	5	8

Sudoku 190 - Easy

3	1		4		7		6	9
6	4	2		9	8		3	1
			6		4			5
8	3	6			9		4	7
4	2		7	8		6	9	
5	9	7		4	6		1	8
		8		3	2	1		
			8	5	4	9	7	
		4		7		3		6

Sudoku 191 - Easy

	8		4	6	7	5	3	
3			8	9	5			
	9		1		2			
	4		9		6	3	1	7
6		3	5	7	1	8	9	
9	1	7		8	4	2	6	5
8	3				1			
4	5	9			3	6		8
2		1	6	5	8			

Sudoku 192 - Easy

9	7	1		8	6	4		2
8	3	6	4	2	5	9	1	
4	5	2				3	6	8
5			9				2	4
2							9	3
7	9	3		5	4		8	6
1	8	7	6		3	2		
3			8	1			7	
6	2	9	5			8		

Sudoku 193 - Easy

		4	7	9			6	
	6	7	5	8		2	1	
		8		1			4	
7			6			3	8	4
8	5	6	1				9	2
2				9	8	1	5	6
6	7	5		2	1			
		9	8			5	6	7
		4	3	6	7	9		5

Sudoku 194 - Easy

7			8				6	5
6				4	2			7
	9		7		6		3	
3	2		4	1		7	5	6
		6	5		7	1		
5	1		6	2		4		
1	3	4	8	7		6	9	
8		2	9	3	4	5		1
	7	5			1	3	4	

Sudoku 195 - Easy

8			7	6	5	9	1	2
5	6		3		1	8	4	
	9	1	8	4	2		3	5
	8	4	6				2	1
	1	9		3	4	7	8	
			1	8			9	3
	2		1		7	3		9
		6	4		3	1	5	8
1	3			5		2	7	4

Sudoku 196 - Easy

1		4	3				5	
	6	3	7				4	2
	8	7				3	6	
8	1	9			6	4	3	
4	5	2	9	1	3	6	7	
7	3		8	4		2		9
6		8	5	2	4	1		3
3	4			9	8	7		6
9	2	1	6		7		8	

Sudoku 197 - Easy

	9			5	7		6	8
5		7	1	8	6			
	6	1	2	4	9	3	5	7
	5			7		2	1	4
9	1		5	3		8	7	
	4	8	6	1		9	3	
			7	9			8	
	8				5	7	9	
6			8	2		5	4	1

Sudoku 198 - Easy

3	9	7		6		8	4	2
1					4	3		9
5		4			3			6
	5	9	1	7	6		8	3
6	3	8		2	5		1	
		1	3	4		6		5
	1	2	6			7	3	
9		3				5		8
		5	8	3				1

Sudoku 199 - Easy

	8		5			3	4	
6		3	2	4			1	
	5	9	7			6	2	8
2	3	5				6	8	
	9	4	6	8	1	3		
8	6	1			5	9		
9	1	6	8	3		7	2	5
3	2	8			7	1		4
5		7	1	6	2			3

Sudoku 200 - Easy

7	4	3	5				8	9
2	6		4		9	7	3	
1	8		3	2	7	6	4	
	7		3					
4	9			1	6			8
6			8		5			2
5	7	8					1	3
9	2	4	1	5	3		6	
3			6	9				4

Sudoku 201 - Easy

	1		9		5	3	7	
2		9		3	4		5	1
4		3	7	1		8		
3	4			8	7		2	
6	8		2	4	9		3	7
9				6	1			8
7	9			5	8	2	1	
5	6	2	1	7			8	9
1	3	8		9	2	7		

Sudoku 202 - Easy

6			4	2	7		8	
3	5	7	9	6	8	2		4
2	8	4	3					
		8		4	1	3	9	5
		5		3	6	4	2	
4			5					1
5	4	9		7	2	1	3	6
8		6	1	5		7	4	
	7		6	9	4	8	5	

Sudoku 203 - Easy

	1	9				4	8	5
6	3	8				9	1	2
2	5	4			1	3	7	6
3			9	2	7			4
4	8		3		5			9
			4			3	8	
8	4				9		6	
1	9	6		7		2	4	3
5	7		6	3	4	8	9	1

Sudoku 204 - Easy

1				8	3			
8	7	9		6		2	4	
5	2		9	7	4	8	6	1
4	9	7	3		2	6	5	
2	8			9			1	
6		1	4	8		7		
7	4			3		1	2	6
	1			2		5	3	4
3		2		4		9	8	7

Sudoku 205 - Easy

9			5		2		7	
8		7	6	9	1	2		
5					7			
4		8	3	1	6	5	9	
1	6	9		4	5	8		7
2			9	7		4	6	1
7	8	4		5	3		2	6
			7		4		8	5
	1			2	9			3

Sudoku 206 - Easy

	1		6	4	2	9		
8			7	3		5	4	1
	4		8		1	6	2	7
	6	8		9		2		
		4	1	6	5	7		
1	9	5		7	8			3
4	8	3				1		6
			5	8		3	9	2
9		2	3	1	6		7	

Sudoku 207 - Easy

8	1			4	9			6
9		2	8		1	4	3	
	5	6			7	9	8	1
5		1	4		8			3
		4	6		5	8		2
	2		7			9		
			1				6	9
2	4		3	8		1	5	7
	6	7	9		2		4	8

Sudoku 208 - Easy

1	4			6	3	9	8	
	8	3	5	4				
	6		8	1		5	4	3
		6	3	2	7			
	1		9	8	4	2	6	5
9				5	6		3	4
			4	3	5	8		
5		4		7		3	1	6
		2		9		4	5	

Sudoku 209 - Easy

	9	4	1	5	2	6		3
8			9	4	3	5		7
	3		6	7	8	4	2	9
4	7		5		1			8
		8	7	3		5		
		1	2				3	4
	1	6	4		7	8		5
5	8	7	3		9	1	4	2
2			9	8				

Sudoku 210 - Easy

2			9	5	4		7	6
	5	9	6	7	1	8	3	2
	6		3	2		5		9
3		6		9		4		
		5		8	6			
	9	4			2	6	5	1
	1		5	4		7		
	4	7		1	9			5
5	3	8	2	6		9		4

Sudoku 211 - Easy

2	4	7			5	3		
			3	2		6		7
	8	6		7			5	2
			4		9	8	7	
9	3	8	7	5	6	2	1	4
7						5	3	9
6	7		1	9		4	8	5
		5	8	6			2	3
8		9	5	4		7	6	

Sudoku 212 - Easy

5				8	1	7		9
	9	8	6				4	5
			2	5	9	6	8	
8		4	7					3
9	5		8	6	3	4	7	2
3	7	2		9	4	8	5	6
6			9	7	2			4
4	3	7			6	9		8
		9	3		8			

Sudoku 213 - Easy

7	2			1	6			
1		6	8	3	5	2	7	
8	3			2	7			4
9	5	7		4		3	2	1
	8	3		9	2	5		7
		4	7	5	3	9	8	
5		8	3	6		4	9	
					4		1	8
4				8	9		5	

Sudoku 214 - Easy

2		9		8		3		6
	3	7	4		6		2	9
1		6	3	2	9		4	7
7	9	1	2			4	6	
	8	4	5	6		9	1	2
5		2		1			8	
6	7					5		1
4	2			9	3	6		8
9	1		6	7	5	2		4

Sudoku 215 - Easy

		5		8	6		1	7
	4			9			5	
2		7	3	1	5	9		4
8	5	1	2	4	9			
7	6	3		5				9
4			6	3	7			
	2	9		7	4	1	3	5
		4	5	2			9	8
5			9				4	2

Sudoku 216 - Easy

7	5	1		9	6	3	2	4
4	2	3	5			9		
	6		3	4	2	7		1
	3	5		6	4			7
	7			8	5	6	4	3
	4	2		3		1	8	5
	9	6		7	3		1	2
3	8			2				6
2	1		6	5	8	4		

Sudoku 217 - Easy

		4	5	6	8			9
3	1	8	9	7	2		6	4
	5		1	8	4		3	2
1	6		5	3	9		4	8
	8	9				3		5
	3	2		4			9	6
	9	1		2	5		8	
7	2		4	9	8		5	
	4	5		1	3	9		

Sudoku 218 - Easy

		5	2	3	1			
3		8	6			5	4	
6		2	4	8		3		
1	4	3	5	9		7	6	8
2	5	6	8		7	9	3	4
	7	3				2	5	1
8	6	9		5	4	1		
	2			6	3	4	8	
	3	4						7

Sudoku 219 - Easy

8	3			1	9	2	7	5
	9		7			6	3	4
	7		3	2	4	8	9	1
2	6	8	5	7				9
7		9			3		6	8
3	4		8	9	6	1		7
	2					7		
6	8	3	4	5		9		
9		7		6			8	

Sudoku 220 - Easy

9	3	1	4	8	5		7	2
	4	2		9				1
	2	7		6	1	4	8	
2		3	9	4			6	7
	4	8		1	3	9	2	
	7						3	
	9		6	3	7	5	1	
7	8		1	5	4	2	9	3
	1	5	8	9	2			

Sudoku 221 - Easy

6	3	7	8	9			1	4
	4	2	7	5	1	8	6	
1	5	8		4	6	7		
3			5				2	1
	1		4	2	9	6		
	2	4	6	1			5	7
	8		9				7	
2		9	1		7	3	4	
	7	3	2	6	5	1	8	

Sudoku 222 - Easy

	7		6	9	5	4		8
					3	9	6	2
	1	6	2		8			
6	4		8	2		5		3
	5	2	3	6			9	4
7		8		5	4	6	2	1
		7	4	1				
4	2			3	6	1		9
3	9		5	8	2			

Sudoku 223 - Easy

					4	9	2	3
	9		5	3				1
7		8	2	1		6	4	5
	2	5	8		6		1	
	1	7		4		5		9
3	6		1		5	2	8	
5			4	2	8		9	6
	8	6	9	3	1	7		
1	9	2	5		7	4		8

Sudoku 224 - Easy

6	5	8	3			1	2	
7	1	4	2					
		2			6		7	8
	7	5	6			8	9	2
8		6	1	9	4			
1	9	3	7					6
	8		5	6	1		4	7
			8	4	7	2	9	5
5	4		9		3			

Sudoku 225 - Easy

8	1	6		5	2	4		9
7	9	3					6	2
		2		6	9	3		1
3	8	9		7	6		2	4
2	6		8			7	3	5
1	7				4	8	9	6
			6	8	3	9		
6	3		9		5			8
	5		1	2	7	6		3

Sudoku 226 - Easy

	5		3	9	8	6	1	
1	7	5	8	4	2			
		8	2			7	5	
	4	6		7	3			8
1		9		2	8	5	3	
8	2	3	6	5	1		7	
				9		3	4	
	8	5	3				1	7
2		4	1	6				

Sudoku 227 - Easy

			9	2				
7		5	8	1	9		6	
2			6	4				8
1	6	2	8	4	9	7		
9	5		2			8		1
3			6	1		4	9	2
5		1	4			8		
			9		6	2	1	4
4	2	6		7	8	3	5	9

Sudoku 228 - Easy

4	2	6	8		7	1		
3		1			6			9
7		9	3	1	5	4	2	6
2		5	1	4	9		8	3
1			5			7	9	2
8						5	1	4
5			6	1			4	
9	1	2		5	4	3		
6	4		2	3	8		5	

Sudoku 229 - Easy

6	9	4	5				3	
		5		4			6	8
2	8	1	6	7	3		5	
8	5	7	2			1	9	6
	4				5		8	2
9		2		1	6	5		
	2		9		1			5
4		9	3	5	8		2	
	6				7	9	1	

Sudoku 230 - Easy

7	3				4	6	9	2
6	9			7				
		1	9	2	6	8	3	
	4	5	7	8				3
2	6	7		4	3	9	1	8
1		3	2		9			
		6	8	9	2	1		5
8	1	9		3	5	7	2	6
		6	1			3	8	9

Sudoku 231 - Easy

	1	3	8	9			6	2
4	7	2		1		8		5
	6			2		3		
6		7	2	5	4	3	8	
	5			8			2	4
2		4	3			9	5	
	4	6	7	2	9		1	
3	5			6	8	2		9
7	2	9		3	5	6		8

Sudoku 232 - Easy

7		1				8		
4	8	6	7				2	9
5	2	9	6		8		4	7
		7	4	6	2	9	3	8
2		8				6		5
				1	2			
8	9	2	1	7		4	6	
6		5		2		8		1
3		4	8	9	6		5	2

Sudoku 233 - Easy

3		6		8				
	9	7	6	4	5	1		2
	5	2		7	3	8	4	6
			3			4		9
	6	3	7	5	9	2	8	1
		9	4	2	8	3	6	7
9	7			3	4	6	1	8
6	8	4			1		2	
2			1	8				9

Sudoku 234 - Easy

6	9	2		3	1	4	5	
8	3					1	9	6
1	5		4	6	9	3	8	
	8	6		2			1	
	7	5		9	8			4
4	1		6	5			2	8
5		1		4		8		3
		8	3	1		5		
9					6	2		

Sudoku 235 - Easy

1			6	3	9		8	2
	8	4		1	2	6	3	
3	2			7	4	5	1	
8		3		9		1	2	4
7	4	5	3	2	1	9		8
2		9	4				7	5
6		8	9	5				1
5	7			1	4		9	
			1	8	3	7		6

Sudoku 236 - Easy

8	6		2			5		4
		2	8	4		9		6
	9	4	7	3		1		2
4	7		1		2	3		5
	8	3	6	5			1	9
6	5				3	2		8
	4		5	2	7	6	9	1
7	1		4	6	9		2	
9		6		1	8	4	5	

Sudoku 237 - Easy

		3	2	7	6	5	4	
5	6	4	3		1	9	7	
	7	1			5	3	8	
3			8		2			
7			1		4	2	6	
		9		3		8		
6	4			2		1	3	9
1		2	4	6	9	7	5	8
9	5	8	7	1		6	2	

Sudoku 238 - Easy

		9		8	5			2
5	1	2	9	7	6	8	3	4
6	8	7		4		1		5
	9		7	1	3	2	8	
2	6	3	4	5	8			1
	7	1	6			4	5	3
				7	3			8
9		8			4	5	1	7
	5		8		1			9

Sudoku 239 - Easy

3		9		1	8		2	
1	2	8			4			
		5		2	3	8	4	1
	9	3	1	6				
6		1	4	8		2	3	
8		2		3	9		6	4
2	8		3	4			1	5
5				9		6		
	3	6	8	5	1	4		2

Sudoku 240 - Easy

4		5	9	3				
7		6	8					1
1		3	7	6	4		9	
3			4	7		2		6
9	7			5	8			4
	6	4	3				7	8
		1		4	7			9
6	5	9	2	8	3		4	7
8	4			9	6	5		3

Sudoku 241 - Easy

4	8	9		7	1	5	3	
			9	2	1			
1	2	6	5			7		4
6	5	2	9					8
		3	8				7	5
8	7	4		5	3			9
2	9	1		8			6	3
7	4	5	3		9			1
	6	8			4		5	

Sudoku 242 - Easy

6	8	2	5	9				7
7	3	9	8		4		2	
	1		7	2		8		6
	5	8			2	7		
	4				7			9
1	6	7			5	3	4	2
			2	5		9	1	
8	2			7	9	6	5	
5	9	6		3		2		

Sudoku 243 - Easy

4	5	9	8	2	3	7	1	6
2	1	7		6	4		8	
6	3		7	1		4	9	
		4	3	7		2	5	8
3		5		8				7
7	8	6	4			9		1
5	7		6	4		3	2	
8	4					1		5
	6	2	5		1			4

Sudoku 244 - Easy

3	7	4	6	2	5		8	
			7	8		2	3	
8	2		9		1	7		4
2		8		1	6			3
9	6		3		2		1	5
	3	1		7	9		4	
6	1	3	4		7			
		5	2		3	4		
	9	2			8	3		7

Sudoku 245 - Easy

		1	4	2		7		
3			1	8	5	6	2	
4			7	3		9	1	8
5	4		9	1	8	2	6	7
			5			4	8	
	8		2	6			3	5
6	9		8	7		3		
7		8			2	5	9	
2	1	4	5			8	7	6

Sudoku 246 - Easy

8	4		3			5	2	
	9		8	2	5			7
6	2	5	7		1	9	8	
	5	2	6		3	1	9	4
3	8		1	7		2	5	6
	1				2			8
2		8	5	1			6	9
5	7	1		6	8		3	2
4				3	7			

Sudoku 247 - Easy

	3	9	5					
	2	4	9	3	1	8	7	5
1		8				3	9	2
9	7	1		8	5		4	3
		5		9			1	6
2	6			1		9	5	8
3		6		5			2	4
8		2	1	6	9	5	3	7
			2	4	3	6	8	

Sudoku 248 - Easy

	4	2		3		9		8
	6		7	2	9	4		
9	3						2	5
		9		4	2			7
1	5	3	9	7		8	4	
	2	7	8	5	1	6	3	
5	7	4	2	1		3	9	
	9	8		6	3	5		
	1	6				2	8	4

Sudoku 249 - Easy

1	3	2	6	5	8			9
8		5	4			1	6	3
4	7	6		3				5
	2	4		8	1		5	7
						2	9	1
	1	9			5	6		4
9			7		2	5	1	
2				9	3	4		6
5	4			1	6	9	3	2

Sudoku 250 - Easy

6	8	9	7	1	3	2	5	
4		5		9		7		
	2	1				6	3	9
	1			4	7		6	3
	7		8	3		4	9	
3	9	4		2	5			7
	6	3		5		1		8
8	4					3	2	5
			3	7	8		4	6

Sudoku 251 - Easy

1	4		7	8		3	5	6
3	7	8		6	5			
5		6		4	1	7		2
8	6	7			3	1	4	
4	1					6		
2	5	3		1			7	
9		4	1		6			8
			5	9	2			
7	2	5			8	6	9	1

Sudoku 252 - Easy

2	9	8			4	7		
	6	4	9		7		1	2
3		1		5			6	9
4	2	9		6	3	1	8	
1			4		9	6	2	
	5		8		1		9	
8		7	1		2	5		
6	3		7	8				1
9	1	5	3	4	6			

Sudoku 253 - Easy

		4	7	5	1		8	
8	7	6		9	3			
	1		8	2	6		4	3
	9	2	5		8			6
6	5	3			9	4		8
	8		6		4		2	5
3	2		9	6			1	4
7	6	1	3		5			2
5	4	9		8	2			7

Sudoku 254 - Easy

			6			9	4	
6	7	4	3	9	2			5
	1		5	4		7		
5	4	8		1	3	6	2	7
	9			2			3	1
3	2	1	4			5	8	9
	5				1	2	7	8
2	8			5	4		9	6
	6		2		9		5	

Sudoku 255 - Easy

9	1	3		4	2	6		
7			1		3			2
2		8	5	6			9	
3	2	4	6	5		8	7	9
			3	8	4		1	
5		1	7			3		4
			2		6	7		
8	6	7	4	3	5	9		
		2	9	7	8			6

Sudoku 256 - Easy

	5	9	6		8	1		4
7		2	9			6	3	5
1			5	3	7		8	
9	7	3						2
8	2	4						6
		1	4	8		7		
2		7	8		6	9	5	
6	9	8	3	5	1	4	2	
4				7			6	8

Sudoku 257 - Easy

2	4			9	5	3	6	
	5	9	4				8	2
7	6	1	2	3	8	9	4	5
6						8	2	
	1	7	8	2		6	3	4
	9	2			4		5	7
	2	3			7		9	6
	8		9	5		4	7	3
9	7		6		3		1	8

Sudoku 258 - Easy

9		6	7		2	5		
8							9	2
1	2	5	4	3	9	7	6	8
6	8	7				9	5	4
			5		8			
2	5	1		6	4			3
4	9	8	1	5	6			
5	1	3	2	4	7			9
7	6	2						5

Sudoku 259 - Easy

3	9	4	7	5			6	8
7	1		6	9	2	4	3	
	2	5	8		4		1	9
	3	1	2		7		8	4
	8	7	4			5		6
		5				1	7	3
1		3	9		6	8	4	2
		9	3	2				1
		2					9	7

Sudoku 260 - Easy

3		7	9	6		2		
5		2	7		3	9	6	8
		8	1		5			3
8	2		5	7		1		4
6			4	8			3	2
4	5	1	2			7		6
7			6			8	4	
2	8		3			6	5	1
1	9		8		4			7

Sudoku 261 - Easy

7	9		2		4		6	1
2	1	4	6	8	9		3	5
		8	7	3		4		9
		6	4		2	1	8	3
9	4	2				6	5	7
3	8	1	5				9	4
	3	5		2	6		7	
		9	8	7	5			
	6	7			3		1	2

Sudoku 262 - Easy

	6	8				2		9
2	3		1		9	4	5	6
4		9			6	1	3	
			8	7				
7	8	3						1
5	4			9			8	7
	2	5			8	7	6	4
8	7		4	6	2	5		
6		4	3	5	7	8	1	2

Sudoku 263 - Easy

9	3	2				6		7
1	5		2		7			4
6	7		3		5	8		1
	8	9	5	4		1	7	3
3		6		7			4	5
7	4		1		9		8	6
5	9		7	2		4	6	8
	2		6	5	4	7		9
	6	7		1		5		2

Sudoku 264 - Easy

7		6	4	2	5			1
3	9			8		5		
2			1	9		7	6	8
			7	5		8		3
	2	7		3	6	5		
8	5		9		4	6	7	
	7	8			1		2	
	3			4	7		8	
	1	2	5	8		4	3	7

Sudoku 265 - Easy

4	5				8			
2	9		7	4	5		1	8
7	8	1				5	4	2
	7	9	1	2		6		
5	6		9		7		8	
	3	4	8	5	6	2	9	7
9			5		2	8	3	4
3		8	4	7				5
	4	5	3	8	1		2	

Sudoku 266 - Easy

6	2	4	1	8	5	7		9
		7	4	2	3			8
8		5	6			1	4	
		2		6				
3	8	6	7		1		9	4
4	1	9	2		8		7	5
	4	8	3		6	9		7
	7		5		2		1	
2	6	1	8		7	4	5	3

Sudoku 267 - Easy

	1			3	6	2	9	4
6	4		8				7	
	7	2	5	4			6	8
	9	1	6	5		7	2	3
			2		1		5	9
		5		9		6	4	
			9	8				6
	8	7	4	6	5	9	3	2
	5				3	4	8	7

Sudoku 268 - Easy

	4	6		9			7	
9	8	1			2	4	6	5
	2		5				8	
2				5				8
8	6	7		1			2	4
4	3		2		7	6	1	9
1	9	2	8	7	5	3	4	
3	5	4		2	1	8	9	7
6					3			2

Sudoku 269 - Easy

7		8	6	9	1			
3	1	5	2		4		6	
		4	5	7	3		2	8
	7	1				9	3	6
	3	6		1	9		5	
2	8	9	3	5	6		1	7
8	4						7	1
1		2			7		9	3
6		7	1		5	2		4

Sudoku 270 - Easy

8		7	2	1			6	9
3			5					4
6	4	9	8	7	3		1	
		8	9	5	7	6		1
		6					9	
2	9	5	6		1		7	8
	8			6	5	9		2
5	6			8	9	1	4	
9	7	3	1	4		8	5	

Sudoku 271 - Easy

9	8	2	3	6				1
4			8	1	7	5	2	9
7	5	1		9	2	8	6	3
	7		2	5		1		6
8		5	6					
6		4				7	8	
1	3		7	2	6			4
2			5	4	3	6		8
5	4		9	8		2	3	7

Sudoku 272 - Easy

6			8		5		2	7
8					9	4	6	5
		9	7	4	6	1		3
				9		7	1	
4	3	7		6			9	8
9		2			7	3	5	6
7	6	8	2	1			4	
	2		9	5				1
				7	4	8	3	2

Sudoku 273 - Easy

3	1		8		7	5	6	2
	6				5			1
8	5	4	2		6		9	
	8	6	5		1			9
5		3	4	2			7	
1	7					8		5
9			3				1	7
		8	1	6		2	5	4
		1	7		2	9	3	8

Sudoku 274 - Easy

	9	6		8		3	4	
	7				4		8	6
1			7	3			2	
6			9	5		7	3	1
		7	4	6		2	5	9
	5	3		2	7		6	
4	6		3	7	5		9	2
7	8	2					1	
5		9	8		2	6	7	

Sudoku 275 - Easy

			4		8			7
8	4	7	3	5		9		
1	9	5		2		8	3	
9	8		6	1	3	2	7	5
2	5			7	9	4		
7	1	6	5		2	3		8
			9	8	5		2	
		8	1	3	7			9
	3	9			4	7	8	1

Sudoku 276 - Easy

4		5		6	7	9	3	
3	7			1	4	5		
2	6	9		3	8	1	7	4
5	2		3	7		4		1
	8	4		5			9	2
	9	3						5
9	5	7			1		4	3
	4	1			3	2	5	
6		2	7	4	5	8		9

Sudoku 277 - Easy

9	3			7	5	6	4	2
1		5	3	6	2	8		9
2	7	6	4			1	5	3
		2			7	3	8	
	1	3	6		8	9	2	
	8				3			
8	2					7	1	
7	5	9	8	2			3	6
		1		5	4		9	8

Sudoku 278 - Easy

	1	4	7	5	9		3	8
2	5			8	1	7		
8		9	3			4		5
4	2	6	8	1			7	3
	8		6		3		2	4
7	3	1	2					6
	4	8		3			5	7
3	9		5	6			4	
			1		8			

Sudoku 279 - Easy

1		9	3			2	6	
	7	2	9	4		8		
3	8	5	6				9	1
4		7		6	3	5	2	9
	9	8			4	3	1	6
			2			7	4	8
7	5	3	4	9	6	1		2
	6	4	1	3		9	7	
			7	5		6	3	4

Sudoku 280 - Easy

	6		2	5	1		4	7
		8		4	9	5	6	2
		2				9	1	3
	7	4		2	5	1		6
	2	5		6		4		
6	3	1	8			2		
	5	6		3		7		
4		7	6	1	2	3	8	5
		5				6		4

Sudoku 281 - Easy

		1		8	6	2		9
		7	5	2	6		1	4
	8	2	1		9		3	7
1	5	6	4					
				5				1
9	7		6	1	3	2	4	5
4	6	9		3	7		5	8
8	1	5	9		4	3	7	2
7	2					4	9	

Sudoku 282 - Easy

	2	3	7				9	5
	6		5		9	7	3	
	5	7	1	3	2	4	6	8
8	9	5		7				
2	1		3	6		8		
7			4		8		5	1
			9			4	3	7
3	4	9	8	1	7		2	
	7			6	2		9	8

Sudoku 283 - Easy

3		4	1	8	7	2	6	5
	8			3		9		
	1	5		9		3		8
		6		8	7	3		
5	3		4		9	6		
	6	8		1		4	5	2
1				2	5			
2		9	3	6	1		4	
	3	9	4			1	2	6

Sudoku 284 - Easy

		2	3	8	6	5		
1	7	3		4	2	9		
5	6	8	1	9	7		2	3
	3			6			5	2
6	2	4	7			8	1	
						9	8	4
		7		1	4		9	8
9	4			2	3	6		5
		6		7		2		1

Sudoku 285 - Easy

		1	2	9		5		3
6	2	5		3	8	9	7	
4	9				7			
9		4		5		7	3	6
5	7		1		3	2	8	
8	3	2		7		4	1	5
		9	7	8	1	3		
3		8	9	2			1	6
1	4		3	6	5	8		

Sudoku 286 - Easy

	4	6	3					7
7		3	8	5		6		
2	9	8	6		1	5		3
6	7	2	1	8	5			4
8			9	3	1	6		
	3	9	2	4	6			
	6	7	9	1	2	3	8	5
3		5	4			2	9	1
9			5	3		4		

Sudoku 287 - Easy

2	5		4	1	7		8	
		8		2				1
			8	3		2		
5	1	6			3	7	2	4
4	2	9		7	5			
3	8	7	2	4	6			
8	3		5	9		6	4	
1	6				4		9	8
	9	4				1	5	2

Sudoku 288 - Easy

5	1	6	9	8			7	3
8		3		2				
					3			
	4			3	9	7	8	1
6	3	7	1			9	2	
9		1	2	4	7	3	6	5
			8	9		6	3	2
1	2			6	5	4	9	7
	6	9		7				8

Sudoku 289 - Easy

	5			3	9			7
	4	7	6	2	8		5	
8		3	1		5	6	4	9
6			8	4	2		9	3
	9	8	3	5		2	7	
2	3		9		7	4	8	5
	8	9	2	1				
7			5	8	6	9		2
	6			9	4			8

Sudoku 290 - Easy

			9	8				
9	1		7	3		6	5	
8	5	4		2	1		7	3
		9		7		8	4	1
		7		1	6	3	9	2
		8	3	9	4	2	5	
		8	2	5	3	7	1	
3			4		9		8	5
2	6		1	8				9

Sudoku 291 - Easy

7	1		9	2	6			
			7			2	1	9
2	9		4	5			7	
9	4	1		3		7		6
		6	1	4	8			
	8		6	9	7		3	1
	6			7	5	1	2	
	2		8		9	3	5	4
8	3		2	1	4	9		

Sudoku 292 - Easy

	7	8	1		9		4	
3		5	4		2			
	4		6	3	8		1	5
5	2	6	9				8	7
4	3	7		8	5	6	9	1
8			7	4			2	3
7	5				1		3	
2		9		6		1		4
1			5	2		8	7	9

Sudoku 293 - Easy

	8	3			9	1		5
		5	8	7		9		2
7				1	4	8		6
6				5		7	9	8
		1	6	9		2	5	
	9	7	4					
3		4		1	6	8	2	
	1	8	7		5		6	9
9	7		3	2	8			1

Sudoku 294 - Easy

4		7		6	5			
5			3	4		6	2	8
3	2	6			8			4
1	4		7	6		2	9	
	7	8		5		3		
	5		4	1			7	
	1	5		8	9	4		2
8		4		2	1	5		
9	6	2	5	3		1		7

Sudoku 295 - Easy

6	8				3			
3		2	5	7	4	6		1
				6	8		9	3
			4	5	1	9		8
			6		7	1	4	2
4	1		9	8		7		6
1		5		4	6			9
2	7	4		1		3		5
9	6	8				5	4	7

Sudoku 296 - Easy

1			2	8			6	7
9	4		7		3	5		8
		6		1		4	2	3
4	9	1				6	8	2
2	6	8	4		1		3	
7	3				6		4	9
6	1		3	7	8		5	4
		7		4	2		9	1
3	2		1			8	7	

Sudoku 297 - Easy

3	4	7		1		5	8	
		5	4		8	7	3	2
2		8	7	3				
8	6	4		7			2	5
	7	2			9	4	1	3
1	3		5	2	4	8	6	7
		6	1	5				4
7		3		4		1	5	
	5		2	8				

Sudoku 298 - Easy

6	9	8		7	3	4	2	5
		2		6	5	7	8	9
5		4		2			1	3
4	2		5				7	
8	6	3	7		4	9	5	2
7	5	9	2	3				1
	4	6		8		5	3	
9		7		5		1		4
	1	5	6				9	8

Sudoku 299 - Easy

8	5	3	9			7		
		9			1	8	5	
	1	4		8		2	9	3
	7		1	5	3		8	
5	9	8		6	7	1	3	
4	3			2		6	7	
9	6	7	2	3	4	5	1	
3		5	7		8			6
	8			9	5	3		7

Sudoku 300 - Easy

3	4	9	8		1		5	
	1	6	2	4		9	8	
2	8		6		3		1	
		2	7				6	
		1		2	6	4		
	6	7	1		4	3		8
6	7	4	9			8	3	5
5	9	3	4		8			2
1		8		3	7	6		

Sudoku 301 - Easy

2	8	4	3					5
3	6	5	4	2	7	9		8
	1	9	6	8	5			
	7			5	4			2
6	5	2		7			4	9
1	4	8		6		5	7	
		6	2		9	8		
8	9	7	5	4	6	2	3	
5			7					6

Sudoku 302 - Easy

	1		2	6		3	7	
9	3	5		7		6		8
2	7	6	3		5			1
	9		1		2	4	6	7
7			8	4	6		9	3
	6			9	7	1	8	2
3					8	7	1	4
		7	9		4	2	3	
6			2	7		3	8	9

Sudoku 303 - Easy

5			9	8	2	6	7	1
	2	1	7		6	8		
		7				2	9	3
1	7	3	6			9	2	
			1		8	7	3	6
6	8	2		9	7		4	
3		9	8			4	6	
2	1		5			3		7
	4	8	2		3	5		9

Sudoku 304 - Easy

2	6	3	1			4		5
	5	1			6	7	2	9
	4		8	2			1	
	7	4			8	1	6	2
1		2						
5	9	6	2			8	3	7
	3	5	7	1	2			8
	2		6	9	3	5	4	
6	1	9				2	7	3

Sudoku 305 - Easy

9	5	4	8		1	3		6
7		2	4		6	1		
	1		5				7	8
	7	5		6	8	2		
6	9	3					8	5
1	2	8			7	6	3	4
2					9	4		
8	4			1		5	6	7
	3	7	6	4	9	8		2

Sudoku 306 - Easy

	4	2		9	8	7		5
5		1	3	4	7	8		6
8	7	6	5	2			9	
	5		1	7	9	4	8	2
	1		8	3	4		6	
	8		6	5				
4		5		1	6	9	3	8
		8						7
7					3	2	4	1

Sudoku 307 - Easy

9		1					2	5
4		6		1		9		
7		8	3	9	2		6	1
3	8		9	2	4	1		6
		4	7		5		9	3
2		9		3	1			
	6		1					
1	4	7	2	6	3		5	
5	9		4	7	8		1	2

Sudoku 308 - Easy

7			3		1		9	5
9		5				3		1
			8	5			2	7
6	7			9	3	8		
	3	8	7			9	5	
	9	1	6	4			7	3
2	4		1	8		7	3	9
8	5	7		3	4	1	6	
3	1	9	2	6	7			8

Sudoku 309 - Easy

3	8	9	5				7	
	4			7	2	6	8	9
6	7	2	9	8			3	1
4	3	7	6	9		2	1	
	2	8	4	1			6	
9				3				8
7	6	1				3	2	
		4					5	
2	5	3		4	6	8	9	7

Sudoku 310 - Easy

	8		4	1		7	6	
			6	7		1	2	8
1			9		2	5	4	
7	4	2	1		8	9	3	5
6				9			1	4
9		1	5	2	4		7	
4				5	1	3	9	
	1	9					8	
		3	2	9		4		1

Sudoku 311 - Easy

1	3	7	5	6			4	
9					8	3	6	7
2	8		7	4			9	1
	9	4	1	5	7		2	6
				9			3	4
6	1	2	3	8			5	9
4	6			7	5	9	1	2
	7	9				6	8	
8	2				6	4	7	

Sudoku 312 - Easy

5	3	8			7	6	9	1
9	1		8		6		3	7
	6		3				2	8
	9	3	6	7			5	4
6	7	4	2	1	5	3		
	2	5	9			4	1	7
3		1		6				2
		6			2			
2	8	9	1		3		6	

Sudoku 313 - Easy

8	4	7	6	9		5	3	1
		5	7			8	4	
	1	9	4			7		2
			5	2	4			6
		8				2	1	5
5	9	2		3		4	7	
7		6			8	1	2	3
	2	1				7	6	
4		3	2		1	9		7

Sudoku 314 - Easy

6	8			5		2		7
			8	3	7			6
		9	2	6	1	3	8	
	7			2	9		3	1
1			3				4	9
		6	4		8		7	
5			7	9		4	6	8
3	6			8	2	7	9	5
8			6	4		1	2	3

Sudoku 315 - Easy

		1	8			2		5
4		5	3	2		6	1	8
6			4	5	1	9	7	
1		2	7	8			3	9
			1	3	5		2	4
	5	7	9		2	1		6
		6	5		4	3		
2	1	3	6		8	4	5	7
5				7		8	6	

Sudoku 316 - Easy

8		3	4			9		5
	2	9		1	6	3	8	
	4		3		8	2	7	1
9	8	4			1	6	3	
	6	5		2	4			8
1	7		6	8	3	5		
2		1	8		7	4		
	3	8		6			9	7
6		7	1	4	9		2	

Sudoku 317 - Easy

9	6	7		4	8		3	1
1		5		7	9	2		6
2				6	1		9	
7		6	4					
5			7	8	2	3	6	4
		3	9	1				5
	7	2		9	4		5	3
3	1		6		7	4		2
4	5				3	6	7	

Sudoku 318 - Easy

	8			1		9	7	5
	1	9	6		7		2	
	4	7	9					1
	7	1		5	9	2	3	
6	5			3	1	8	4	9
9	3	8		6	4			7
1	2	3				4		8
	6	4	3	9	8	1		
8			1		2	7	6	3

Sudoku 319 - Easy

		4	2	9	5	7		
5		8	3			4	1	2
3	7	2	4		8		9	
		3		7		6		9
9	6	5	8	4	2	1		
1	8	7			6			4
	3	1	6			2		
8	5	6	1		9	3		
4		9			8			

Sudoku 320 - Easy

	7	5		8		1	3	6
4		6	3		1	7	8	
		1	6			5		
	4		8		3		5	
1	3			6	5	9	4	2
5			2	1		8	7	3
			3	6	2	9	7	
2	9	7		4		3		
	5	3	9					8

Sudoku 321 - Easy

	6	8	1	7	5			2
5		2			4		8	
7	9	1	2		3		4	6
6	5			1	8			9
	2	4	3	5	6	8		1
	1	7	4		9		5	
	8	9	5	6	2	7	1	
1		5			7	2	6	8
	7					9	3	5

Sudoku 322 - Easy

9			5	4	8	1		
	5	4			1		7	
1		2	7				5	4
	8							
4	7		9			5	2	8
		5	1	8	4	3	9	7
2	4	6		9	5	7	3	1
5	1		3	7	6	2	4	
7			4	1	2	6	8	

Sudoku 323 - Easy

3	7	4	8	9	2	6	1	5
6	8			7	5			3
1						9	8	7
8		3	2		7	4		9
		1		4		8	7	6
4		7			8	3		1
7			9		1	5		8
	3			2		1	9	
9	1			5				2

Sudoku 324 - Easy

5	8		9			7	1	
6				8			3	
7		3		1	2	4	8	5
	3	6	2	5		1	7	9
2	7	5	3	9	1	6	4	8
			8	6			2	3
	6						5	
	1	5		6	8	9	7	
		1		8	3	6	4	

Sudoku 325 - Easy

1		4	3			7	9	
	2	6	9	5	7		4	8
9	5	7	1	4			3	6
		3	2		5	6		
2		9		8		3		7
5	6			7	3		1	2
		1		6	4			
4	7				9	8	6	1
6	3	5	8	1	2	4		

Sudoku 326 - Easy

7	1			6		4	3	
4		6		3				7
8	3	2	1					
9		8	4			2		5
6				5			9	1
2			7	9	6	3	4	
1	8	4	6	5	7			3
	6	9		8	1		7	4
	2	7		4	9	8	1	6

Sudoku 327 - Easy

6				9	7			5
3	8	5	6		4	1	9	
		4		3	1	2	6	8
	3	6	7	8		5	2	
5		1	2			7	8	4
	2	8	4	1		6		9
			3	7	6	8	5	2
2		7	9	5	8			
8			1	4	2		7	6

Sudoku 328 - Easy

9	1	7		2			3	
5		6			8	9	7	4
		4		5	9	2	6	1
	6	3	8		2			
8	9		3		4		1	2
	4		9	6			8	3
		2			3	1	4	7
4		8	5	9	1	3		6
	3	2	6		7	8	5	

Sudoku 329 - Easy

4	1		9	3	6			
	9	7						1
		3	1				2	4
7	2	5	6	1	8		4	
1	8	4	5	9			6	
3	6	9	4		2	8		5
	4	1	3			7		6
9	3	8				4	5	2
	7			5		1		

Sudoku 330 - Easy

	9	7		5	4	2		
8	3	6	7		2	9		
2	4		8			1	7	
4	8	9	1			6		7
3			9	7		4	8	2
	6	2	5	4	8	3		9
6							3	4
	2				7	8	9	
		3	4	8	5		2	

Sudoku 331 - Easy

8	6			4	7			
9	1	5	8		2	7		4
7	4			1	5	6	8	
5	8	9	4	7	6	1	2	
6	2	7		8			4	5
4		1		2				
		4	6		8		1	9
	5	8		3		4	7	
	9	6				8	5	2

Sudoku 332 - Easy

	9	4	5	6	1	2	3	7
			9	4			6	8
6		7	2	3	8			
4	7					9	5	6
	6	9		7		3		2
		2	6	9		8		4
7	2		4	1	9	6	8	3
	8	6	7			2	1	4
9	4	1			6	7		5

Sudoku 333 - Easy

			2	6		7	1	3
9	3	1	8	5		2	6	
	2	6	4			5		
4	8		1	2	3		5	6
2			7			3	8	1
3	1		6		8	4		7
6	5	2	3	1	4		7	9
	9			7	6	1		
1	7	3	9				4	5

Sudoku 334 - Easy

3	7	9	1	2			5	
8				9	6		3	
	6	5		3	7	2	8	9
	1	7	8		9		2	3
	4	8	3	5	2	1	7	6
	3	2	7	6	1	9		
7		6		1	3	4		
2	5		9	8		3	6	7
		3				8		

Sudoku 335 - Easy

1			8	2			7	
8		4			6	9	5	1
		7	4	9	2	8		
			3			1		9
	6	8	5	1		3		
3		1				8		5
2		5	7	9	3	4		6
	9		2	5	1		3	8
7	1	3	6	8		5	9	2

Sudoku 336 - Easy

		1	2				5	4
7	8	4					3	2
3		2	4					9
		7	8			3	4	6
	3	9	1	6		2		
4	2	6	7		3	9		
6		8	3	4		5	2	7
		6	8	7	1	9	3	
1		3	9	2	5	4	6	8

Sudoku 337 - Easy

	3	9	4	5	1	2	6	8
8		2	6	9	3	5		4
	4				7	1	3	
9	5	4	7	1	8	3		6
1			3			8	9	
		3			9		4	
3	9	5					8	2
6		1		3	4	9		
			9			6	1	

Sudoku 338 - Easy

6	1	3	7		4	2	5	9
						7	1	8
5			1		2		4	6
7		5	6		1	8	3	2
		2	9					
1	8	6			7	5	9	4
	5	1		6	9		7	3
			1	3				5
9		4	2	7			8	1

Sudoku 339 - Easy

	4	8	9	7		5		1
	6	2	3	1	5	8		
	7	1	6	8	4	3		9
6		9	2	3	8			5
	3				1	6	8	
8	2	4			7	1	9	3
2	5	3	8		6	9		
	9	6		2		4	5	
		7	1	5	9			

Sudoku 340 - Easy

		5	9	2	4	3		7
		3	1	8	7	6		5
1	9	7	5	6	3			2
3	2			4		1	5	8
	5	9	6	1	8	2	4	3
		8	3			9		6
5	7						6	
9	3		8	7	6		2	
	8	4	2	9			3	1

Sudoku 341 - Easy

1		4			5			7
	6		1		4		9	2
3		7	9		6		8	4
			4				5	3
6	5	1		9	3		7	
		3		8			2	
4	8	5	7	3				6
2		6	8	1	5	7		
7		9	4	6	2	8		5

Sudoku 342 - Easy

	5	4		3		1	6	
		3				5	9	7
1		6	2		5	4		3
5	8			6	4	7	1	
6			5		2			4
4		1	7		8			6
9	4	7	1	5				8
3	1	8					7	5
		6	5	9	8		3	4

Sudoku 343 - Easy

7	5				2	9		4
	1		7	5	4	8	3	6
4		3	6	1	9		7	5
	4	8	1	7	6	3	9	
	6		5	9	3		4	
3		9	2	4	8	5		1
	3	7	4			1		
8						6		7
			9			4	8	

Sudoku 344 - Easy

9	2	4		3	8	1	7	5
3		7		2	4	9		6
6		8	9	5	7		3	
	6	9			3			1
7	3		2			8		4
		5		9	1			
	9		3	4		7	1	8
8	7		5			9	6	
1	4		8			6	5	2

Sudoku 345 - Easy

8				3			9	1
3	9		1	8	4	5		
1	2	6	7	9	5	3	8	4
6		9					5	2
7	3			5	8		6	
2		5		4	6	1	3	
					9	6		3
9	1		4	6	3			5
4		3	5				1	

Sudoku 346 - Easy

		7	3	6			1	
2	1	3	5	9			4	
4			7				5	8
3	2	6	9					
7	4	8			2			6
1	9	5		7	6			3
9			6	5	7	1	3	
	3			4	9		8	5
5	7	2		1	3	9		

Sudoku 347 - Easy

	2	6	1		8		9	
9	4	8		5			3	1
1	5	3	9					
4	6	5			1	9	2	3
	7	1		9	3		4	6
	8	9	4	6	2	5		7
8	1	4	6		5	3	7	9
	3			4		1		
			3	1	7		8	4

Sudoku 348 - Easy

3	7	1	6	2	4	5	9	8
		4		8	5	1		
				9		6		
1	6	9	7	5	8	4	3	
	3	2	9	4			8	1
4	8		2	3	1		6	5
2		3		7	9		1	
9	5	6	8	1	2	3		
7				6		2		

Sudoku 349 - Easy

			7		9	8	6	
6		3	1	4	8	5		2
9		8	6	3	5		7	1
		2		6	4			7
	6			1	2	3	8	4
			3	5	7	2	1	
	5	9		7	1			
2	3	1		8	6	7		9
7	8	6			3	1	2	5

Sudoku 350 - Easy

	9	1	6	7	4	3		
	3	4			8	5	9	7
2		7	9	3	5	1	4	6
1		2	3		7	8	6	
9	6	3	4		2			1
		8		6	9	2	3	
			5	2	6		7	
	2	5		9		6	1	8
3	7				1		2	

Sudoku 351 - Easy

5		3			9	4	1	
		7	5	3	1		2	
		9	4	8	6	3	7	
	5	1	6	4	2		8	3
2	3	4	1		8		5	7
		8	3	5			4	
9	1	2	8		5	7		4
			9	1	4	2	6	8
			7			5	9	

Sudoku 352 - Easy

	8						5	3
		4	2	5	7	1	8	6
5		7	1	8		9	4	
9	1	5	6	7	8	3		
		3	4	9	1		7	
	4	6	3			8	9	
4			8	1	6	2	3	
			7			5	1	8
1	7		5		2	4	6	9

Sudoku 353 - Easy

	3	1	7				9	2
		2	4		9		3	1
9	8	5	2		3			
8			5		2	4		3
3	2	4	8					7
	5		3	4	6	2		9
2	4	8		3	7		6	5
5	1	3	6	2		9	7	
	7		1	5	4	3	2	

Sudoku 354 - Easy

		3		1	6			
5	1	9	3		8	6		2
		6	2			1		3
		2	9	8	1	5	4	6
9	5	4	7		3		8	1
	6			2		7	3	9
	9	5	8			4		7
		1				9		5
2	4	7		5	9	3		8

Sudoku 355 - Easy

	9		5		7		1	
6			3	4			9	5
1	5	4	2		6	8	7	3
	1		9		2		4	7
9	7	5	8			1		
4		2	7	1			8	
5		8			9			
7	4			2		9		8
3		9			8	7	2	4

Sudoku 356 - Easy

	5		6			1		8
1	8	6		7		4	3	9
	9	4	1		3		5	
			3					7
4	7			5	9		1	
6	3		8	1		2	9	4
7			9	2	8	3	6	5
5	6	9			1			
8	2		7	6		9	4	

Sudoku 357 - Easy

2	4	6			8	9	3	
7			2	3	9			
9	3	1	4	6		7	2	8
			8		1	5		7
	9	4	3	5		6	8	2
		8			2		1	
	6	2	5	1	3			
		7		2		3	4	1
	1		7	8	4	2	5	6

Sudoku 358 - Easy

			4	8	5	9	3	6
	3						8	
5	8	6	9	3	7	1		2
	4			1	6	8		3
	6	3		9	4			7
1		8	3	5	2		9	
	1		5	7			6	
3	5	4	1	6	9	2	7	
6				4	8	3	5	1

Sudoku 359 - Easy

2	1			9		4	6	8
6	8	3			4	2	5	9
9	5			6	2		1	3
7			3	5			9	2
			9		6	8	7	1
8				2	1	5	3	4
		5		8			4	
4	9	8	6		7		2	5
1	2		4		5	9	8	

Sudoku 360 - Easy

8		9		7	3			5
5		6		8	9	1	7	2
		1	2		5	8		3
6	1		8			5	4	9
2			7			3		
4	9	3	5	1				
9	7	8	3	2	1			4
1	5		6	4	8	9	3	
3			9	5			8	1

Sudoku 361 - Easy

	6	4	7		9	1		3
3		2		4	6	9	5	
	7				2	4		
	4	3		9	8		1	2
9		8			1	3		4
6	2	1				8	9	
2	8		9		4	5	3	1
4		5	1	7	3		8	6
1	3	6	2			7	4	9

Sudoku 362 - Easy

6	3	4	1	7	2		5	
9		8	4	3	6	1	2	7
2	1	7	8		5		6	4
	9		6			2	4	3
1		3	9		4	5		6
4		2	3	5			8	
3		6			1	7	9	
5	2		7	6			4	1
8			2		9			

Sudoku 363 - Easy

6		2	1	9	5		3	
		7	2	6				5
4		1	7		8			6
7			8		2		5	9
2				5			7	1
5	9			7	1	6		
8	6	9	5		3	4		7
		5		2				8
1	2	4	9	8	7	5	6	

Sudoku 364 - Easy

			1			8		3
	3		6	4	8		9	1
		8				6	5	2
	5	1	4		7		6	
	2		3	1		5		8
6	8	7		2	5	1		4
	1	3			9	4	2	
8	9	2		7			1	6
7	6		2	3	1	9		

Sudoku 365 - Easy

	5	2					3	9
	6	3					2	8
8		1	6	3	2			
		7	9	5	8	2	1	6
6	2	5	3	1	4		8	
		8		7	6	3	5	4
	8	4	7	9	3	5		
	7		4	2	1	8	9	
	3	9			5	7	4	1

Sudoku 366 - Easy

3	5		6	1		7	2	
2	4		3		5	9	6	1
					2	8	5	
			4			5		2
4				5	3	1	9	6
	3	5	2	6	1	4	8	7
6		4				3		5
	8	3	1	2				9
7	1	9	5	3	6	2		8

Sudoku 367 - Easy

	1	5			7	9		
	6		1	9	2			5
		2	5	4	3	7	1	6
2		4	3	7	9	5	6	1
1	5		2		6	3		7
			4		5	8	9	2
5			9	3		6	7	4
9	3	7				1	5	
6		8	7			2	3	

Sudoku 368 - Easy

5			1		2	6		4
2	4	7	9		6	3	8	1
6	3			4		5		2
8	5		2		4	1	6	
4		6	3	1	8		5	7
	1		6		5	4	3	8
9			4		3	8		6
		4	5	8		7		
		8	7	6	1	9	4	

Sudoku 369 - Easy

	7	6	3	9		4	5	
9			8			6	7	
5	3	4	1			8	9	2
2	5	3	7	8	9	1		
7	9				4			5
4	6	1	5		3		8	7
3	2	9	4			6	5	
6	8		2	3	1		4	9
		7		5		2		

Sudoku 370 - Easy

2	9	7	8	3	5	1		
1	5	4	2		6			7
	6	8	7		4	2	5	9
7		1		6	2			4
9	4	2	1	7		8	6	
6	3	5	9				1	2
4		3	6			5	9	
	1		3			4	7	8
	7		4	5				3

Sudoku 371 - Easy

8			5		1	4	2	7
5	3		4	7		1		
7	1	4	8	2	6		3	
		7	3			9		
4				5	2	8		3
	2		9	8	7		4	1
9		8		6	3	2	1	
				9	8			4
	7		1	4	5	3	9	

Sudoku 372 - Easy

			2		4	3		
4	7				8	6	1	9
		3		6		2	4	
6	1	5	8			4	2	3
	8	4	6		2			1
3		9	4	1	5			
9	6	8				1	5	2
	1	9	2			8	3	7
	7			8	1	9	6	4

Sudoku 373 - Easy

	7			8	9	4		1
4		9	1	2		3	8	7
		8		4		2		5
9		1						4
6	5		2	9	7	1	3	8
7				5			2	
1	4	6	9		3		5	2
	9	2	5		4		1	
5		7			2	9		6

Sudoku 374 - Easy

6		1	9		5			8
7	2	9	4	3		5	1	
5	3			1		7		9
3	8	6	7	4	1	9	5	2
4	5	7			2	1		3
		2	5	8				7
8			2				9	5
1	7		8		9	6		4
2			3	6	4	8	7	

Sudoku 375 - Easy

9	2	5	8		6		3	7
	1	6		7		8	5	
		8		5	9	6	2	
	5	2		4	8	7	9	
	4	9	7		5	3	1	8
	8	7			3			5
8	9	3		6	2	1	7	4
	6	4	3	7	1		8	2
		1		8			6	

Sudoku 376 - Easy

5			8	3		2	7	
	8		6	7	2		9	
1	2				5		3	8
	1	6					8	5
7	3		2			1	4	9
9	4	5	3	1	8		6	
4	5		1			8	2	
	9		5	8	7	4	1	3
8	7		4					6

Sudoku 377 - Easy

6			9			4	3	8
1		5				9	6	
9		3	6		7	5	2	
8	1		3			7		6
	2	7			6			
3	9	6	4	7		1		2
	5	8	1	4		6		3
2	6		9	5	3		7	4
4		9		6	8	2		5

Sudoku 378 - Easy

3	5			9	6			8
6	8	7	3	1	2			5
4	9			8	7		3	6
2		4	1					7
9	1	6	7	3		4		
8			2			3		1
	6	3	9		1	8		
5			7	4	6			3
	4	8		5	3	2	7	

Sudoku 379 - Easy

9		2		8	3	1	7	
6	2	8	3	1	7	9		
			4		5			8
2			9	8			7	
8	6		1	7	4	5	3	2
1	7			2	3	8		6
4	3		7		1	6		9
5	8	1		4	9		2	
7	9	6	8	3			4	

Sudoku 380 - Easy

	8		6			9		3
1		6	8	9	4		5	2
2		9	7	5		6		
	2	4		7				9
		8	4	6		2	7	
5				3		4	6	
9	7		3	8			1	
4	6		2	1		8		7
8	5	1	9	4	7	3		

Sudoku 381 - Easy

		3	7			4		9
1	6	8			4	2	5	
9	4	7	8	5	2	3	1	6
	2		4	7	1	3	8	
3	7	9		8	5			2
		4	6		3	9	7	5
	9	6				5	2	
5	8	1			6	7		4
4				7		8		1

Sudoku 382 - Easy

6		1	8	2	9	3	5	
	8	3		1			9	2
	5	9	3	7	6	8	1	
3	6	2	5	9			7	8
9			1				6	5
		5	7	6		9		3
8			9	4	1	5	3	6
5			2	8	3	7	4	
1	3		6		7			

Sudoku 383 - Easy

3		7		1		5	8	6
8	9	1				7		4
	5	6	8	7	4	9	3	1
9					1		4	
			5	8	3	1		
6			4		7			8
1		8		4			7	5
	6	9	7	2		4	1	
	3		1		6	8	9	2

Sudoku 384 - Easy

3	5	1	8		7	9		
7			3	6		2	1	5
6	4		9	5	1	3		7
	6		1		5			9
		8		3	9		7	
			2	7	8		4	1
8			4		2			
1		5				3	4	9
9	3		5		1		7	2

Sudoku 385 - Easy

4	1	6	9	2	7	5		8
	2		6	5	1	4		
	3	7		8		9	2	6
		8	7			2	5	4
	2		5		6	3		9
	5	4		9	8	7	6	
6			1		9	8		2
	8	3			2			5
	7	9	8		4	6		3

Sudoku 386 - Easy

	8		7	5				3
	3		9				8	
9	5	2			3	1	6	7
2	4		1	7	8			9
	6	8			9		7	
7	9			6	4	2	3	8
8	2	4				7	1	6
	7	9	6		1		2	5
6	1		8	2	7	3		4

Sudoku 387 - Easy

6		5	7	9	8	1	2	4
	7		1	4	2		6	
4	1	2		6	5	7	9	8
		3		7	6	8	4	
			8			9	7	1
5		7	4	1		6	3	2
3			9	8			5	
		8	6	2		3		9
9	4		5	3	7			6

Sudoku 388 - Easy

8	1				7			3
3	6			4	9		5	8
5	2			8	7			4
	8		9	5	6	3		
7	4	3				5	6	9
	5		4	7	3		2	
			6			1	7	
		5	8	1	4	9	3	
	3	1	7	9	2		8	

Sudoku 389 - Easy

1		6						2
7		3	4	9		8		5
5	8	4	7	1	2		3	
			1	6	3	2		
3	7					6		
4		1	2	7		3	9	8
6			5		7	1		9
	4	7	6	2	1	5	8	3
	1	5	8	3	9			7

Sudoku 390 - Easy

7	1	8		6	5			3
	9	2			4		1	6
4	6					8	2	
	2			1		7		8
	4	3	7	8	9	1		2
8			1	5	4			9
1	5		3			7	2	8
		4	1	2	8	6	7	
				5	6			1

Sudoku 391 - Easy

9		8	3	2		6		7
3	4	7		6		2	9	
			9	5	7	4	8	3
4		5					2	1
6	9	1	7			5	3	
	3		4	1	5		6	
5		3	1	4		9		
2					6			
	8	4	2			3	1	5

Sudoku 392 - Easy

2			6	1	7	5		
7	8	5	4	9		1	6	2
3		6	8	2			4	9
	6	3	5	4			2	
4			3		8		1	
5		8	2		1			
8		2	9			6	4	
		7	1	5	2	9	3	
	3	1	7	8	4	2	5	

Sudoku 393 - Easy

9	7		8	3			1	2
8	6				2	7	4	3
2		3		4		6	8	
	9		6		8		2	5
1			5	7		9	6	
			4	2	9		7	
	8	5		9		1		7
	4		3	8	1	2	5	6
	1	2		6		4		8

Sudoku 394 - Easy

		6	2	9		3	8	4
	4		5	8	3	9		6
	3		4	6	7		1	5
7	6				5	1	9	2
	5	2	9	7	6	8		
3			1	4		6	5	7
4		3	7	2	9		6	
9	2	7	6	5			3	
6		5	3		4			

Sudoku 395 - Easy

1	3	5	8	2	7	4	9	
7	8	2	9			4	5	3
	4		5					8
9	7	3		8			6	5
5	1	4			6		2	
	6			7	5	9	3	4
8				5		7	4	
	5			1		3	8	
	9	7	2	4	8		5	1

Sudoku 396 - Easy

	7	2	6			3	1	9
1	8	3	5	2			4	6
					1			
7	3	6	8	5	2		9	
		9	7	1	3	8	6	5
8		1	4			2	7	
6	9		2	3				1
		7	9	4		6		2
	4	5	1		8	9	3	7

Sudoku 397 - Easy

3		2	1	4			7	6
1	7		2					
	9	4			5	2	3	
		9			4	7	6	
5	3	8	9	7	6	1	2	4
4	6		3		2	5	9	8
			6	2	3			5
9	2	3	5					7
6	8	5			7	3		2

Sudoku 398 - Easy

6	1		7	9	4	2	8	3
		4		2			6	5
7				5				9
	7		8		3			2
8			4		2	6	9	7
1	6	2		7	5		4	
2	4	1			9	8	7	6
3	9	7	6			5	2	4
5	8	6		4	7		3	1

Sudoku 399 - Easy

4		5	8	7	3			
7	8	3			6		4	1
	2	6	1		4		8	
3	4		6	8		2	7	5
1				2	5	6	3	
		2		3	9			
	9			4	8	1	6	
8	6	4		1			5	3
	3	1	5		7	8	9	

Sudoku 400 - Easy

	2	1		9			5	6
5	8	6	7	2			4	9
	4		6		8	1		
	9	4	8	1	7			
	1	7	5	3	2	6	9	4
	3				4	7	1	
4	6	8	1	7		2		
			3	8		4		1
	5	3		4	6			7

Sudoku 401 - Easy

5			4		3		8	
9	8	2	1	6	5			
4	7		2	9	8	6	1	
		9		5				
	4	7			9	5	6	2
				1		3		4
7		5	8	2		4	3	
		4	5	3	6	9	2	7
2	3	6	9	4	7			1

Sudoku 402 - Easy

		5	8		4	6		9
7			9	3	6		5	2
6		2		7			4	8
9	5		4	8	3	7	2	6
	7			6		4	9	1
4	2	6						
	4		3	1	8	2	6	
8		3		4	7	9		5
2		7	6	5	9		3	

Sudoku 403 - Easy

	3	1	7	8		4	2	
4		2		6	1		7	3
	9			4	2	5	8	
9		3	4	1	8		6	
8		5	2	7	6	3	9	4
6			9	5		8	1	
1	4			9		6	3	
							4	
	6	9		3	4	7		8

Sudoku 404 - Easy

8	5		3			6	2	
6		7			1		5	4
9		4	8			1		
5	8	6		9	4			
	9	3	7		8	5	6	2
	1			6	3		4	9
1	6	8	4	7	9	3	2	
	7	9			2	6		1
2	4			6	3	9	8	7

Sudoku 405 - Easy

3	5		1	6	7	4	9	
	4	2		3		1	8	6
	9	6			4	7		
	2			7		8	4	
		4	8	1	2	5	7	
8		5		9	3	2	6	1
4	1	7		5	9		2	
	6	3	7		8	9		4
	8	9	3		1	6		

Sudoku 406 - Easy

	9	1	6	2	7	3		4
4	2	3	1			7	9	6
7				9			2	1
1	5		8	7		9		2
	6	9		1	2			
2	7	8	9	4		1	5	3
8	3				1			
	1	7	2	5		8	3	
9	4	5	3	6	8	2		

Sudoku 407 - Easy

1		9	7		4		3	2
2			9	1	3			6
	4		2		8			
6	8	7	1		5			3
9		1	3		6	7		8
4		3	8	7	9		5	
	1	4				3	6	
	3	2	6	8	7			4
	9	6		3			8	

Sudoku 408 - Easy

7	5	3	1	2		9	6	4
	2	6				8	1	
1			5				7	
			9		2		4	3
5	3			7	4	2	9	8
	9		8	3		6	5	7
		2		1		4	8	9
4	1	9	2		7	5	3	6
	8	5	4	9	6	7		1

Sudoku 409 - Easy

2		8	7		9		5	1
3	5		2			6	7	9
	7		1		3	8	2	4
		7	8	1		2		3
5		4			7	9	1	
1	8	3	9	4	2			
	3	6				9	2	
7	1	2		9	6		8	5
	9	5		2	1	3		

Sudoku 410 - Easy

4	3					2	5	
	8	1	4		6			7
9	7	2		5			6	4
	9	4	5		1	7		6
6		7	9		2	1	8	3
	1			6	8			5
7			6	9		3	1	8
3	4		2			6		9
1		9	3	8				

Sudoku 411 - Easy

			1	2	9		8	
	8	9	3			1		
		6	8			4	9	
1			4	8	6			5
6	9	7		3	1		2	
	4			9	2	3		1
		8		1	3	2		7
4	7	1	2	5	8		3	9
3	6	2		4		5		8

Sudoku 412 - Easy

1	6	3	5					2
7	5	4	1	9	2	8	3	
8		2	6		3	1	4	5
3			4				5	7
9	2	6				4	1	
4		5	2	8				9
		1	9		7	6		
5	4	7		1			2	3
6	8	9			4	5	7	1

Sudoku 413 - Easy

	6	9	2	1		5	4	
		5		7		6	3	1
	3	4	8	5			9	
2		3	5					6
9			4	6	2	3	8	5
5	4		1	3		9	7	
4	5	8	3	2	1		6	9
	1			9	8			3
		7	6	8	5	1	2	4

Sudoku 414 - Easy

	9	5	2	7		8		4
4		8	9					
	2	3	5	8				
	5	1	3	4		7	8	6
2	4		6		8	3	5	9
8		6	7		5			2
5		9	1	6	7	2		
	6	2		5				8
3	1			2	9	6		

Sudoku 415 - Easy

	7	5		8	6	1	3	
3		8			1	6	7	5
		6	7		5	2	8	9
1	5	3		9	7	4	2	6
6								8
	4			6		9	1	7
	8	4	1	2	9			3
2	6	9	3	7	8			
7	3	1	6		4	8	9	

Sudoku 416 - Easy

	3		5	6			2	9
9	5	2			7			1
	4	1	9	3	2		7	
			7	1	5			2
	6	4		2			5	
5						1		
	1	6		8	9	7	3	5
8		3	1	5	6	2	9	
4		5		7		8	1	6

Sudoku 417 - Easy

9	5			8		7		
7	8	6	3	9			5	2
3	1		5					
6	2	3	8	5	9	4	1	7
5			4	1		3	6	9
		1		6	3	8	2	5
	4	5	9	3	8	6		1
					1			3
1		9	6	7		2	4	8

Sudoku 418 - Easy

7	3	8	2		6		5	
2		5	8			6	7	
	6	4			7	2	3	
8	2			6		7	9	
9	5	6		4		1	2	3
4		3		2	9	5	8	
3		9	6		5	8		2
	8	7	4	9		3	1	
5	4		3	8	1		6	

Sudoku 419 - Easy

1	9	6				5	8	7
	4		8	6	9	1		3
8	3	2						
	1	8		7	2	4	9	5
9	7	4			5	8		2
	6	5	4	9	8	7		
4	8		5	2		9	7	6
		9		4				
6	5			8	7	2	1	

Sudoku 420 - Easy

7	5	1	8		6		2	
	8		3	5	7		4	6
4	6		1	2		8		
8			7	6	2		3	
			5	8		6		2
	4	2		3		5		8
2	1		6			3	5	9
5		6	4	9	3	2		
3	7	9	2	1	5	8	6	4

Sudoku 421 - Easy

4	7	6	8				3	5
	2	9	5		3	1	7	
			4	2	7	8	6	9
	4		1	5		6	9	8
	5				9	3	4	7
6		8						1
9	8	4	2	3		7		6
2		1		4		9	5	
7	3	5	9			4	8	2

Sudoku 422 - Easy

3	2		5			9	6	
9		7	6		4	3		5
5	4	6	9	3	8	2	7	
	7	1		9	6			
8	5	9		4	3		2	
2	6	3	8			1	4	
			8	2			9	7
	9	2	3	6	5			
6		4	7	1	9		3	2

Sudoku 423 - Easy

	7		5		9	8		
		5				9	1	7
8	6	9	2			4		
			6		8	1		
2	8	7	9	4	1	5	6	3
1	4	6			5		9	
7	1	2	4	8	6		5	
	3			9	2	6	8	1
6	9	8	1	5			7	4

Sudoku 424 - Easy

4	5	9	2	7				8
6	2	3	9	4	8		1	5
7		8		6	3	9		4
2	4	7	3	9		8		1
		6	7	1	4	2		3
			6	8				
			8	3	7	1	9	
	8	2	1		6			7
	7	1	4	2		5	8	6

Sudoku 425 - Easy

		3	8			6	1	
2	6	8			4		5	
		4	7			2	8	
	9	6	5	3		4	2	
5	7		2		9	3		
3		2		6	8	5		
6	3	9	4		5	1		2
	2	5	9	7			4	6
	8	7			1	9		5

Sudoku 426 - Easy

4			6	8	2		7	5
6	3		7					4
			4	5	3	1	6	9
7	6	2	1			5	3	
			2	3	5	6		7
9		3	8	7		4	1	
8	9	4	3				5	
3			6	5			2	
			9	6	7		4	3

Sudoku 427 - Easy

		2		8	7	5	9	1
6			1	9	5	4		
5	1		3	4	2	6		7
1	4		9		8	2	7	
7	6	8	2	5	3	1		9
	9		7			3		
3			4	2	9	8		6
8			5	7			1	
9	5	6			1		2	4

Sudoku 428 - Easy

		5	9			2		
6	9	2		3		1	7	
	1	7		2		9	5	3
	4	3	7	9		8		5
		9	8	4		6	3	1
	6		3	1	2		4	9
	7			6	3	5		2
9	3		2		7	4		
	5		4	8		3	1	

Sudoku 429 - Easy

6	1	2	9		4	8	5	
	3		8	1				
			3	5	6		4	1
3		6			5	9	2	7
9	4	1	2	8		6		
	2	7	6	3	9		1	8
2		8			3	1		
7		3		6			8	2
1	5				8	3	6	9

Sudoku 430 - Easy

6	1	7	8	5	3	9	2	
		4	2			8		
8	5		9	4	1		3	7
	9		5	8	2	4		
	8	3		7		5	9	
2			3			7	1	
1			7				8	
5	2	6	4	1	8			
	7	8	6	2		1	4	5

Sudoku 431 - Easy

2		9	8					3
	4	7		6				
5		1	4		9	6	7	2
4	9	3	6	2	8	7		
7		6	9	4	1			8
1			7			4	9	6
	7				4		1	
9		4	2	1	5	8	6	7
8				9	6	5	3	4

Sudoku 432 - Easy

1	5		6	3	7	2	8	
3	8		5	2				4
	6		1	8	4		7	
	2	9	8	1	3	4	5	6
		3			5		2	1
5		6	9	4		7		8
		8		9	1	6		
	3		2			8		
6	9	5				8	3	1

Sudoku 433 - Easy

9	5	4		8	6		7	3
2	7		4		5	1	6	
	8	1	7	2	3	5		9
5		6	2	7		9		4
8			5	3	9		1	
	3	9	6	1		8		5
	6	8			2			
3	2						8	1
	9		8	6	1			2

Sudoku 434 - Easy

2	3			7	4	5	8	
7			1	8	6	2		3
9				5	2	6	7	
8	1		2	3	5	9	4	6
4	2	5	7	6	9		1	8
6		3	8					
	7	9	4	2	8	1	6	5
1						4		
5		2	6			8	3	

Sudoku 435 - Easy

		8	9		3	6	4	5
	4	3	1				7	
	2	6		8				3
				1	6	2		9
2	6			5	7			4
1	3	4	8				5	6
	9		5	4	8		2	7
4		7	2	3		5	6	1
3	5				1	4		

Sudoku 436 - Easy

6			5	3	7		8	1
1		4		8			3	6
	5		6	1	4	7	2	9
	1		4	5	3	9	7	
7	4	3	1		8			5
	8		2		6	1		3
	3				8	9		
	6		8	4	9			7
8		7	3		1			4

Sudoku 437 - Easy

		5	9	6	7	4		
			7	1	2	8		
3							9	5
		3	1	5	4			2
5	8	4	9	6				1
	6			3	8	4	5	9
6	7	5		2	3	9		4
4		9	6	1	5			7
	1	8	4	7	9	5	3	6

Sudoku 438 - Easy

5	9	4		8				7
8	2	3				6		5
6			2	5		8	3	9
4	6	5	9	2				1
3			4	6	7			8
7	8	9			1	2		4
	5	6	7	9	2		8	
	7	8	4	5		9	1	
		8	3			7		2

Sudoku 439 - Easy

2		9	8		1	3	6	
3		6	7	9			8	1
			5	6	9			
4	9		6	2	3		5	
5	2	8	1		4		3	9
6	1		9			7		
	6	2	4		8	7	1	5
1		4	5					3
						4	9	6

Sudoku 440 - Easy

	7	8		9		5		
	1	5	8	7	6	3	2	
2	6	9			5	8	1	
		7	6		9	2		
9	4				8		5	6
6		1	4	5	7			
	5	2	9	6	4		8	3
		6	5					2
8		4	7	2		6		5

Sudoku 441 - Easy

	3		2		1	7		8
8	1		7		6			
2	6	7	4		8	9		
	8	5		6	7			2
	2	6	8	4				1
7		1		2	9		3	
	7	3	6		5			9
			3		2	6	4	
6		2	9		4	3	8	7

Sudoku 442 - Easy

9			3	1	5			
3				7			8	1
5				8	2	9	6	3
	3				8	6	7	
7		9	6	2	3	1	4	
2	1	6	7	5	4		3	9
	2	7		4	9	3		
6	5	3	2	7	1			8
	9	4	8	3	6	2		

Sudoku 443 - Easy

9		4		6	7		8	
1	2		3		9	6	7	5
6								4
	1	5	6		4	2	9	
2	8	9	5		1	7	4	6
4	7	6	8		2	5		1
7	4	3	9	5	6	8	1	2
	6							9
5		2	4		8	3	6	

Sudoku 444 - Easy

5	9		8				2	4
2		1			5	3		
		8		7		1	5	
9	7	5				6	2	
	8	4	5			9	6	3
6	3			9		5		
	1	3	6	5		8	9	2
8		6	7				1	
4	5	9	2		1		3	6

Sudoku 445 - Easy

		4	8	6	9			
8	2	6			1		3	7
		9	2	3	7	4		6
6	8	1	3		5	7	4	2
		3	7	8	4	1		5
5		7	6					
	1	5	9		3	6	7	
7			4		6		1	9
9	6	2		7	8	3		

Sudoku 446 - Easy

8		1	9	7			3	
	6	9	8			7		4
2				4	6			1
		2	5		4	1	7	
4	9		7		1			
1	5			3	8		4	
7	8	4		5	3	2	6	9
9	2	6	4		7	3		5
			2	6	9	4	8	

Sudoku 447 - Easy

6		3	5	4				
7	4		2	1		5	9	
2	5	9	8				1	4
	9	6	4	8	5		7	2
		1	7		6	9	4	
8		4	9			6	3	5
1	6	7	3	5	8	4		
9				7		8	5	1
4	8	5	1			7		

Sudoku 448 - Easy

	5			2	8	4		
6	2	9	3		4		5	8
				1				6
1	8		5	6		9	2	4
			8		2		7	
2			4	9		8		
4	6	8	7	3	9		1	2
			8	5	6	4	3	
		3		4	6	7	8	9

Sudoku 449 - Easy

	8		7				9	
	7		2	4	9	3	8	
		4		8	5	7	2	
		5	6	1	7	2	4	
		2		9		8	7	5
7	4				2	6	1	3
	2	8			3	1	5	7
4		3	5	7	8	9	6	
6	5				1	4	3	

Sudoku 450 - Easy

4	2	1	6	3	7	8	5	9
	7	9			8	3		4
	6			5			7	2
7	5	3	4				8	6
1	4	2	5		6		9	3
	8	6	2			5		1
2					5		1	8
6	1		8					7
8	3	4	7		1	9	2	5

Sudoku 451 - Easy

7	2	8					5	1
	5	6	2	3	7			
4		3	1	8	5		6	7
3				8	7			
6				7		9	1	8
9	8	7	4	6	1		3	
5		1	8	4	2	6		
				5	9	1		3
2	7	9	3					

Sudoku 452 - Easy

	9	4	7		1	3		6
7	5	3	6		2	9		1
8		6	5	3		4		2
5				6		3		
6	4		3		8	1	2	9
		8	2		7	5	6	
1	6		8		5		4	3
3		2	9	6	4			5
	8			2	3	6	9	7

Sudoku 453 - Easy

			5		6		7	
9		4	1			3	8	6
3		6	4	8		2		5
5	8	7	2				6	
2	9		6	4		8		7
	6		8			9		
	1	9	3	5	2	7	4	8
7	4		9		8			2
8	3			6	4	5	9	1

Sudoku 454 - Easy

2		5	9	4	8		3	6
	7		5	6				
		3			1	9	5	8
4	5	2	3	8				
3			7	1	6	5	2	
7		1		5	2			3
			6			3		5
8	2	7	1		5	4	6	9
5	3			9		2	7	

Sudoku 455 - Easy

4		2	6	9	7			
	7	1	3	8	2			
8		9	5	4	1	2	7	
	1			2			3	6
2	4		8	3		9		
6		3	7	1	9			2
7	8	4	2					1
1		5	9	6		3		
3	9	6	1		8		2	4

Sudoku 456 - Easy

	4	6	1				2	
9		8	4	6		1	3	
	1		2	3		6	4	9
	5	9	1	2		4	6	
2	9			4	6	7	5	8
						9	1	
	5	2			4	3		
	7			2	1		9	6
1			5	7	3	2		4

Sudoku 457 - Easy

			9	5		7	3	8
7		5	3		1	9	6	2
2		9	6	8		1	4	5
	1	8		9		4		
4		6	8	2	3	5	1	9
	9	2		1				
1		3	4	6		2	8	7
8	2	7						4
	6	4	2			3	5	1

Sudoku 458 - Easy

	8		1	5	7		4	
7		6		4	8	1	2	5
4	1	5	9			6		3
9	4	8			5		1	
1		7				8	9	2
		3	8	9	1	4		7
	2		5					1
5	7			6	9	2	3	8
	3			1		5	6	

Sudoku 459 - Easy

5	3	6	4					9
	1	9	3		2	5		8
8	7	2	9		5	6	4	3
	9			4	3	1	5	
		3		2	6	7	9	4
2		7	1			3	8	6
9	2	1	5		4		6	7
	6	5				4		1
		4	6		1	9	2	

Sudoku 460 - Easy

9	8	2			6			1
5		3	2		1	6	9	4
4		1	3			2	8	
6	2			3		1	4	8
	5		1	4	9		2	
7	1	4	8	6		9	5	3
						8		9
2	9		6		8		3	7
8	3		9	7			1	2

Sudoku 461 - Easy

	7	2	6					
8	6	1		7	5			9
9	3			8		6	7	1
6	5		1					2
2	9	4		6	3	8		7
1			7	2	9	5		4
			8		6	1	2	5
3	1	8			7		9	6
	2	6		1		7	8	

Sudoku 462 - Easy

	6			1		5		
		8				7		3
5	1		7	2	9			4
2	3	9	4	5		1		6
6	4		9		2	3	5	
8		7				2	4	9
			2		7	9		1
1	9	6	3	8		4	2	
	7	2	6	9		8		

Sudoku 463 - Easy

	1	5	2		3			8
7			1				2	6
6	8	2	5		9			
3	2	1	9		5			
5	7	4	3		6	2	8	9
	9	6					3	5
2		3	6		7		1	
1			8	5			9	3
9	6			3	1	7	5	2

Sudoku 464 - Easy

	5	3		4	2		1	
2	7		1		9	6		4
4	1		3	6	7	5	2	8
		6	9	3	7	4	2	
	6		2			8		5
9				8			6	1
8	3	6	4	7	1			9
7	4	5	9	2		1		3
	9				8	4	7	

Sudoku 465 - Easy

4	1		6	5		7		2
5	3							1
		7	8	1		6	5	3
6	7	3			2	5		
1	8			4	6	2	7	
	9	4	5			3		
3	4	1	2	8		9	6	7
7	5	2		6		4		8
		9	4	3		1		

Sudoku 466 - Easy

8				6	1			
			8	4		5		2
	5	4	3			9		8
3		7		9	5	4	8	1
	1	8	7	3		6		
	4			6			2	
	8	3			7	2	1	
	2	9	4	1	3	8	5	
	7	1	9	8	2		4	6

Sudoku 467 - Easy

		6	8	9	1	5		7
9			3	7	4			1
		4		5	6	8	9	3
6	4			3	7			8
7	3	2			5	9	1	
	8	1	9			3		6
			4			1	6	5
2		5			8	4	3	9
4	1				9			

Sudoku 468 - Easy

7	1				6		4	5
	4	5	1		7	3		6
		3	8	5				7
		9		1	5			
1	5	4	6	7	3	2	9	8
6			9	8	2		5	
5	8	1	2	6	9	7		4
	7	2		3	1			
			4	8	5			2

Sudoku 469 - Easy

6	7		1	3		2	5	
	3		5				8	7
	4			2	8	3		1
9		4	6	5	7		2	3
2		5	3	9	1		4	
3	1	7			2			
7	9		8		5	6	1	2
8			9			4		5
4	5	6	2		3	8		9

Sudoku 470 - Easy

3		2	4		5			6
5	9	6	2	8		1		4
7		8		6			2	5
8	7	1	5		2			
9		4	7		6	2	5	
	2		8					3
2	8	9		5	1		4	7
			9	7	4	6		
4		7			8	5	9	1

Sudoku 471 - Easy

6	5	3	1	7		9	8	
	8	9		3	6		7	2
2	7			4				6
	9	2		5	1	3		
	6	5	4	9	7	2		
7		4	3	2	8	6		5
9	4	7	2	6				1
			9	1		7	6	
			7		5		2	9

Sudoku 472 - Easy

			6	9	5	7		
7	8		3	1	2			5
5	9	1	4	8				6
3	4		8	6	1		5	9
9	6	2	5	4			7	
		8	7	2	9	6	3	
6				5				2
4	2	5	9	3	8		6	
	1				6	5	4	3

Sudoku 473 - Easy

	6	4		9	1	2	3	
1		8	4	7	2	6		
2	5	9			6	1	4	7
8		5		2	4	3		1
4	2		7				8	
3			9	5	8	4	2	6
		1		6		8		3
9	8		1	4	5	7		
6	7		8		9	5		4

Sudoku 474 - Easy

6		2		4				
4		3		7	6	8		
7				9	2	4		6
1	3	9	6	2		4	8	7
5	6	8	7	3			2	
2		7	1	9				3
8	1	4	9	5	3		6	2
3	2	6	8	1	7		9	
	7	5	4				3	

Sudoku 475 - Easy

1	7		3	5	9	8	6	
9	3			2		5	1	4
2		5	6	4	1	3		9
7		3	4	6		1	9	
6			1	8	2	7		5
	5	1	9	7	3			
		2	5			4	6	7
	9	7				6	2	
4			2	1	7			3

Sudoku 476 - Easy

3	7	2		5	8			
6	1	5	2		7		8	3
	8		1				7	5
	4	6			5	7	2	
9	2		6	7	1	3		4
			9		2	6		8
	9			2		5	3	6
		4	8	3	6		9	
	6	3				8	4	7

Sudoku 477 - Easy

	2	1	5		3		7	8
	8		4	1	7			6
	5		8		9	1		3
6		5	7	3	8	4	9	
9	7		6		2			
	3	2	1	9		6	5	
1				4	5			9
5	9	3	2	8	1	7		4
2		8	9	7		3	1	

Sudoku 478 - Easy

			8		3	5		2
8			7	5	4			1
	3	1		6			8	7
	4		9		5	6	1	8
2	8	5	1	7		3		9
			4		8		7	5
9	5	8			1	7		3
	7		5		2	1		
4	1	2	3	9				

Sudoku 479 - Easy

6	9		5			3		8
1		8			9		6	5
	5		3	6	8	7	1	
8	7	2		4	3	1		
4		5		8		9	2	
3	6		1			8		4
7	8	6	2	9		5		
	2	1	8	3	6		9	
	4		7		5			2

Sudoku 480 - Easy

6	1	8		9	2	3	5	
2		3	8	1	5	4	6	9
5	4	9	6		3			
	6	7				2	9	
9	2			5		1		
				2			4	
4			7	3	8	9		2
7	9	2	5			1	6	3
			2		9	5		4

Sudoku 481 - Easy

8		3	5	2	1			9
5	6	2	3	4		7		
	9	4	6	8		5	2	
9					4	8		
			1	5	6			
6			8	9		4		
		1		6		3	5	4
3		6	4	1	8	2	9	7
	4	9	7	3			6	

Sudoku 482 - Easy

	1			7	2			5
		1	4	2	8			7
2		7	8	5	3		6	
			7		6		5	2
4	7	8	5		9	6		3
				4				8
	2	4	9	7	1		8	6
1	5	6	4			7	2	
7		9	2	6		3		

Sudoku 483 - Easy

	8		4	3	9		1	
		6	8			4	9	5
1	9	4	2	6	5	7	3	8
6	7					5	4	9
8		2		9		3	7	6
		9		7	3	2		
	6	5		8	1	9		
		8	3		2	1	6	7
7	2		9		6		5	

Sudoku 484 - Easy

	1	2	8	5	6	3	9	
	8		4			2	7	5
		9	7	6	3	1	4	
8	7	6	3	2	1			
5		2		4	7	3	6	
	1	4	5	9	6	8	2	7
				7				
9		8		5			1	2
4			1	3		9	5	

Sudoku 485 - Easy

8	5	2	4	9	1	7	6	3
							8	5
	6	1	8					2
1	3		7	8	6	2		9
6			3	2	9	5		7
	7	9		5	4		3	6
4	9		6	1	2	3	5	8
	2	6		4				1
5		8		7		6	2	4

Sudoku 486 - Easy

	8	4			9		5	
6			5	8	7			3
2	7	5	6		4	1		9
1		8			3	5	2	
7	9	3	5	4	2		1	6
4	5	2			6		3	7
8		1	3	6	7	2		5
	3		8			5	4	
	2		4		1	3	6	8

Sudoku 487 - Easy

7		4	9	8	1		3	2
6		8		4	5		9	
1		3			7	5		
2	1	7				9	6	8
9							5	3
4	3	5		9				7
5	7	1	8	2	9		4	6
3	4	2		5	6		7	
		9	4	7	3	2	1	5

Sudoku 488 - Easy

		1		2	4			6
2	9	4		5		3	8	1
5	7	6	8	3	1		9	
		3		9		1	6	
	4	5		6	3	2		8
	1		2	7	5		4	3
3	8		5				1	
1	6	7	3	8	9		2	4
	5		6	1		8	3	7

Sudoku 489 - Easy

			4	9		5		
5	9	1		6		4		
	8	4	2	7	5	1	3	
		5	3	1	9	8	7	2
9	2	3	7	5	8	6		1
8	1	7		4		3		5
	4		5		7	9		3
			9	3	6	2	1	
	3	9	1			7	5	6

Sudoku 490 - Easy

		9	5			1		2
3			6	1	2		4	
2		1		9	7	3	6	5
	3	6		2	8		1	9
4	8	7		3	1	5		6
	9	2		6	5	8		
8	1	3		5	6			4
9		5	1	7				
	6			8	9	2		1

Sudoku 491 - Easy

9	4	3	1				5	6
	7	8	6	5				
	6	2		3		1		9
3	8	5	7	4		9	6	2
2	1	4	5	9	6			8
7					5	1		
6			4		3		9	
8		7	9				4	1
	3	9	2	1	7	6	8	5

Sudoku 492 - Easy

4	5	3		6	2		7	8
			8	1	7		4	
7	8	1			5	2	6	9
	9	7	5	4	6	8	1	
5	4	6	2					7
		8	3		9	6		4
	7	4		9	8		2	5
		5		2	4			
2		9		5			8	6

Sudoku 493 - Easy

	1		3	8	9			5
	2	3		7	5		4	
	9	5	4	2	6	1		
	7	2	8		3	4	5	
5	4	8			7	3		1
	3		5	4	2			7
2	6	9	7	3		5	1	4
	8	7			4			2
3	5	4		9	1			

Sudoku 494 - Easy

	5	2	1	7		8	9	4
8	4			2	9	5	6	
6	9	7	5		8		2	
1								2
7			2	6	4	1	5	
	2	4		3	1	6	7	
4	1	6	7	9	5		3	
9						7		
2	7			1			4	

Sudoku 495 - Easy

	4	3			1	9	7	
	9	1		7	3	2	8	
2	7		8	9		4		1
4	5		6	1	9	3		7
9	2	6	7	3			5	
1		7	2	5				9
5		9	1	6		7	4	3
	6				7		1	8
			3		5	6	9	2

Sudoku 496 - Easy

		4	6	8	9		1	5
5			3	4		7		
3				2	5	6	4	9
6	3	7	2	5		9	1	
	8			6	7	3	2	4
4	9		8		3			
8		3	1		6		7	5
			4			8	3	
7	4	6		3	8	2	9	

Sudoku 497 - Easy

3	8	6		1				
7		1		6	9			2
9	4	2	5		3			6
8		5		4	1	6		7
6		4	7		2		5	
1		7					9	4
2	6		8	9		4		1
4	1			7	6	9	2	5
5	7	9	1	2	4	8		3

Sudoku 498 - Easy

		7		2		5	4	
		5	6	4	1		8	9
1	8	4		9				
5		1	9			6	7	3
7		8		1		9	2	5
2	9	6		3	5	4	1	8
	7	3		5	4	8	9	2
4	1			6			5	7
	5			7	9		6	4

Sudoku 499 - Easy

			9	4	7	2		3
3	5	9			6		4	7
2	7	4		3	5			
	8				4		9	
	9	3	5	7		8		2
1		7		9	2			5
6				1	9	3		8
9		1			8	5		6
7		8	6	5		9		4

Sudoku 500 - Easy

			9			4		1
	3	4	8	5	6	7	2	9
	8	7	1		2		3	
3		6		2	5	1		8
7	2	8	6		1	3	4	5
	9	1	3	8			7	
	7	2		1				3
6	5	9	2	7		8		
8		3	4	6	9		5	7

Sudoku 501 - Easy

9	1	2		6	5		3	
8			9	7	3		1	
3	7						6	
	6		8	2		1		7
2	4		1	3	6	8	5	
1			5	4	7		2	3
4	2		6	9	8		7	
	3				4	5		2
	8	1		5	2	4	9	6

Sudoku 502 - Easy

2			6		4	7	5	1
	4	1		7	2	8	6	3
6		8		3	5		4	2
			5	9	8	2	1	
8	1	2				5		4
			2	4			8	7
3	6	5	8	1		4	2	
7	2				6	1		
		8	4		9	6	7	5

Sudoku 503 - Easy

1	2	5		8		4		6
8	6			2			3	
9	3	4		5	6	8		1
7		6	2	1	9			
3		2			7	9	1	
	9		5	3		2	6	
6	1	3			5	7		
2	7	9	3	6	4	1	5	8
5		8	1	7			9	3

Sudoku 504 - Easy

			6				7	2
3	7	6	1				9	5
	2	8				3	1	6
6	9	3	7	1	4	5		8
	5	2	9		6	1		
7	4					6		
1	6	9		8	7		3	4
2		7	3		9	6		1
4			2		1	7	8	

Sudoku 505 - Easy

		8				9		
9		2	8		6	3		7
	3	6	4	2	9	8	1	
3		5	7		1	6	8	4
			2	6	4	5		3
6			3		8			1
	6		9	4				8
4		3	1	8	5			6
2		1	6		7	4	5	9

Sudoku 506 - Easy

1	5	2	7		6	9		4
8		4	2	1	3	7	5	6
7	3	6	9	4		1	2	8
	1		5	7	4		9	
3	4		6			8		
				8	6			
	6		4	5		2	8	
5	8		1	3	2		6	
		3						

Sudoku 507 - Easy

	9	2	1	4		6	8	
4	5	1					2	
7	6	8		2	3		4	1
	4			2				
1	2	3	7	5		4		9
6	8	5		1		2	7	
5	3	6	8	9		7		2
8		4		3		5		6
		9				8		

Sudoku 508 - Easy

				2		3	9	
4	5		8	9	7		6	
	8		3	6	1	5		7
7	2	4	1	3			8	
6	9		5	2	4	7	1	3
5		1	7		9		2	6
	7		4	5	2	9		
	4	9	2	7	3	6	5	
2			9		8			4

Sudoku 509 - Easy

	8	6	2	1		9		4
	2		3	9	4	6	8	
4		3		5	6	1	7	
2		8	7	4	9	5	1	
3				2	8	9	7	
		7		8			2	6
				2	1			
1	5		6	7	8		4	9
8	7		9	3	5	2	6	

Sudoku 510 - Easy

7		4		9	6		8	2
	6	8						
2		1	8		7	6	3	
3		2	6	7		8	5	1
	1	7	4	3		2		
6	5	9					7	3
4	8	5	7			1	2	
9	2				1	7	6	
	7	6			2	3	4	

Sudoku 511 - Easy

2	6	5	1	9	3	4	8	7
9	8	1		7				
4		3	8		6	5		9
		9	3	4		6	2	1
6	4	2	9		8		5	3
			6			8		
5		4		8		2	3	6
		6			5	9	7	8
	3	8		6			4	

Sudoku 512 - Easy

9	4	1	5					
3	2	5		1		7	9	
	6	8		9	2		1	4
	3		2	4	9			
4		6		5		3	7	
			7	6	3	8		9
2	5	4		7			3	
1	8	3	9	2	5	4	6	
		9			4		8	

Sudoku 513 - Easy

	9		4	8			3	2
	3	1						8
	8			9	5	4	1	6
6		3	2		9	1	8	7
	2	9	5	1				4
		4	8				2	9
1		8		2			7	5
9		5	1	7		2	4	3
3	7		6					1

Sudoku 514 - Easy

3		1	7	5		9		2
						5	7	
5					2	3		
	4	3		8	9	2	1	6
8		6		2	4	7	3	
	1		6	3		4	8	5
	8	5		7			6	4
6		7	4	1	5			
4	3	2		9	6		5	

Sudoku 515 - Easy

		8	6		5		7	
7		5		4	3	2		8
9		3		1	8		5	
2			3	6		8	9	
		6		7		1		2
3		1	2	8				7
6		9		3		5	2	1
1	3		8	5	2	9	4	
	4	2	1	9		7	8	

Sudoku 516 - Easy

			3	9				
	9			8	6		5	7
5		6		1	4	9	2	
	3	5			9	6	7	
		7	6	4	1			
	6	4	5	3		1	8	2
	1	3	4	7	8		9	5
7	5			6		3	4	
		9	1		3		6	8

Sudoku 517 - Easy

7	9	3	6		2		4	
		1		5	4			6
6		5	1				8	2
5			9	3			6	1
	1	8	4	2		9		7
4	6	9	7		5	2		8
8	3	4	5			6	2	9
1	5			4	9		7	3
9		7		6	3	5	1	

Sudoku 518 - Easy

	8			5	7	2		6
	4	5	9		2	1	7	
	7	2		8		9	3	5
		3	5		8	6	2	
8		7	2	1		5	9	3
		4			9		8	
	9	8	1	4	6	3		
2	5	1			3	4	6	
4	3	6	7	2	5	8	1	

Sudoku 519 - Easy

6	7		1	3	4		2	
	9	1	7		5	8	3	
3	5	2	6				4	
8	1	9			3	4	7	
	2	3		4		6	5	8
5	6		2	7			9	1
2	3	7			6	5	8	
		5		9	7	2	6	
9	4				2		1	3

Sudoku 520 - Easy

8	3	1	4	9	6	7	5	2
6		7			5		9	3
	5	2	1		3	6	4	
	7	9		8	1			
2	1	6	3			9	8	
5			9		7		1	
		4	6		2	8	7	
7		8		4		3		1
1		5			8	4	6	9

Sudoku 521 - Easy

	5	7	1	6	3	8	9	
9			5	8	7		6	1
6	1	8		4	2	3		7
5	6	4		2			3	9
8				4	7	2		
	7	2		9	5	4		
1		9	4	7	5	6		2
	2	5	8				1	
		6	2		1	9		5

Sudoku 522 - Easy

3	8	1						9
2			5	9	3	1	8	7
5			1		4			3
		8		2	9	3		4
4		2		1	7	5	9	6
	7	9	4	3		8	1	2
8	1	3	9		2		4	5
	6			5		9	2	8
					8	6		1

Sudoku 523 - Easy

	3	8	5		7	4	2	6
9	7		1	6	2			5
		2	8	3			9	7
4	5					6	7	
8			4	7	6	5	1	
6	9		2		1	8	4	
3				2		9	5	4
2	8		9			7	6	1
7					5	2		8

Sudoku 524 - Easy

3	5	1	7	6		9		8
4						7		6
			9	2	1	3	5	
2	4	7		9	6		3	1
		6				8		7
	8		1		7	2	6	
	7				2	6	8	3
6	1	2	3			4	7	
8		4		7	5		9	

Sudoku 525 - Easy

6	9		8		4	5		3
2	5		6	3	7			
4	3					6		1
		5	4	9	2			
8	6	9	7	5		1	4	
3	2	4		8		7	9	5
		3	2		5	8	1	7
	8		3	4	1	9	5	
5	1	6					3	4

Sudoku 526 - Easy

3	2		7	6	9		5	
		1	2	5		4		9
5	9		3	4				7
	8	7	9	3	6		4	5
	3		1	8	2		9	
		9	5			3	8	1
9	1	6		2	3			4
7			6	9		8		
	5	2	4	1		9		3

Sudoku 527 - Easy

		8	2					9
5	7		3	8	9			
2	9	1	4					3
9	8	3	6	5	2	4	7	1
4	5	2	7			3	6	
7				4	3	9		
		7	5		8			4
6	2	5				4	1	
8		9	1	6	7	5	3	2

Sudoku 528 - Easy

4		7	2	8		5	1	3
		5		7	3		2	8
			6	5	1	9		7
3	8	2	1	9		7	6	4
9		6	3					
7		4	8		2	3	5	
						1	3	6
	1	7		6			9	5
6		9		1	8			2

Sudoku 529 - Easy

	4		9	6	8			
	8	6	3		5		7	
1	3	5		7	4	9	6	8
7			3	2			5	9
5		8	4	9	7	6		3
3	9							2
4		9	5	2		1	8	
6			7		9	4		
8	5	2	6	4			9	

Sudoku 530 - Easy

	6	2	5		7			3
			4	6	9	2		
			3			7	4	
1		5	7	9		3		4
7		6				9	1	
8			1	5	4			
6		3	9		5		2	8
2	7	8			1	5	3	9
9	5	4	2	8		1	6	7

Sudoku 531 - Easy

7	8	3	6	5	4	1	9	
	1			8				
2				3	4	7		
	3	8		7	9	6	1	
1		7		3	6		8	4
5		2	8	4		7	3	
3	7			2	8		4	6
	4	1	3		5	8	2	
8	2	9		6	7		5	

Sudoku 532 - Easy

7	3	2	4	6	8			
5	9	6		2		4	8	3
4		8		9	5		7	2
9				6				8
6	8			2		5	4	
3			1	8			6	9
1	4	7	8		9	2		6
	5		6	4	3	8		7
8			2	1	7			

Sudoku 533 - Easy

2	8		3	6	1		5	4
3	6	4		5	9		7	1
	9		7	2		8	3	6
		5		4			8	
6	1	9		3	8	4	2	7
8	4			1	7		6	9
4		6	1	8			9	2
1	7	8		9	2			5
9				7	3			

Sudoku 534 - Easy

	1		5	8	2	7	3	4
7	5	8	6	3		9		2
4		2	7	1		8	5	
				4	8	1	2	5
	4			7	5		6	8
1			3	2	6			9
		4		6	1	5		
5	6	7		9				1
8	9	1		5		6		3

Sudoku 535 - Easy

5	6				3	1	4	
2				5	8	9	3	7
			4	1	8	6	5	
6	2	7		8	9			
	1	5		3	4			6
4	9	3	5			7	8	1
	8	2	4		7			9
1		6		9	5	4		3
9	5		3	1		6		8

Sudoku 536 - Easy

	7			4	3	5	6	
	4	3	8	6		2	7	9
	6	5		3	9	4	1	
7						6		
	9	2			6	7		
6	5	1	2		7	9		4
4	1	6	5	7		8	9	3
5	2	8			1			
9		7	6			1	2	5

Sudoku 537 - Easy

			6	4	2		5	3
	6	4	3	5	9	7	8	
3				8	7	4	9	
9		2	8		4		6	
4	8	7	5	1	6			9
5		6	9		3	8	7	
2				6	8	9	1	
				9			2	
7	9	8	2	3	1	6	4	

Sudoku 538 - Easy

4	3	6	7		2		1	5
7	1			5				2
5	2			4	7			8
9	6	4	5	7	1	8	2	
1	7	5	8				4	
	8			9	5			1
6	4		9	1			5	
		7	2	3	6	1		
2		1				3	8	6

Sudoku 539 - Easy

3	1			2	7		9	5
				9	4	3	6	
4	9		3	5	8	1		
	6	7	5			9	4	3
2	3		7		6		5	1
8	5			3			2	
	4	2		1	9	6	3	7
9		1	2	6			8	4
	8			7		2		9

Sudoku 540 - Easy

	8			1	2			5
5	4	3		8	6	1	9	2
		1	5	9		8		7
	5		9	2			8	
2	9	6	8		4		7	
3	1	8	6				2	9
		5	2	4	9		6	8
	6	2	3	5		9	1	
	7	4		6	8		5	3

Sudoku 541 - Easy

2	9	3	5	8		1	4	6
4		5	2	6		8		7
6	8		9				2	5
1	7			9	4		8	2
5		8				9	1	
9	3	2		1				4
3						6	7	
7	5			2	6	4		
8	6	4		3	9		5	

Sudoku 542 - Easy

3	5				8			1
6			5	3	9	4	8	
7	8	4						
4		8	5	7		3	1	
2		7	4	3		8	6	5
1	3	5		8		4		7
		2	8	6	4	1	3	9
		6	3		7	5	8	4
8		3	1	9	5	2	7	

Sudoku 543 - Easy

1		5			7	8	4	6
6					8	2		9
		2	6			1	7	
	1					4	3	5
7			3	1	9	6	2	
4	2		9	6	7	1	8	
2	6	4	7		3	5		
5	7	1		6	9		8	
3	8			4	5		2	7

Sudoku 544 - Easy

8	1	3			7		2	9
	7	6	8	2			3	
4	9		1		3	8	6	7
			3				8	1
	3		5	1		7	9	6
1	6			8	2	3		5
3	8	5	6	9	1			
6	4	1	2			9		3
7		9	3			6	1	8

Sudoku 545 - Easy

	4	8	6		7	2	3	5
2	1	6				7	4	9
		7		4	2	1	6	8
		1		6		9	2	
4	5				9			
3	6	9	1	2		4		7
8	2	5	3		4			1
		3		9			8	4
6		4		8	1	3	7	

Sudoku 546 - Easy

4	9		7				6	
3	5	8		2	6	7	1	
		6	7	9	3	1		5
5	8	2	6					1
1		6	3				9	8
9	3	4			5			6
7	1	5		6	4	9	8	3
		9	5		3	1	2	
8	2				7			4

Sudoku 547 - Easy

8	9		3			2	1	5
1			4	5		7		8
5	2	7	1	8	9	6		
9		2	6			8	5	
7	5	6			8			1
	1	8		2	5		6	3
3	7	1			4			
2	4	5	8			1		6
6		9				3	4	2

Sudoku 548 - Easy

	5	4			2	9	6	
8				7	4			1
1	6	2			5			7
		6	7	3	9	2	8	
3	4	7	5	2		6		9
			4	6		7	5	3
	8	5			7	1		2
6		9		8	1		7	5
	7		4	5				

Sudoku 549 - Easy

	5		9	7	6	4	1	3
	1	7	5	4	2	9		
	4	6		8	1			5
7					9			2
1	2			6			3	7
	6	4	2	3	7	5	9	1
6	7		1					4
4	8	1	6	5		2	7	
	9	3	7		4	1	6	

Sudoku 550 - Easy

	9	7	8			4	6	5
5	3	4			1	8		2
	2		7	5	9	1		
7		6	2	4		5	3	
8		5		3		6	2	7
		3	7		6		4	
3	7			8		2	9	6
	8		6	2		3	5	4
	6	2		5	9		8	1

Sudoku 551 - Easy

			1		2	9	7	5
		5	7			8		2
6	2	7			9	1		
4	3		9	1	5	2		
	9	8		7	6	4	3	1
1	7			4			9	
2			8	9			1	4
			6	5	3	7	2	9
	6	9		2	1	3	5	8

Sudoku 552 - Easy

1	9	5		4		8	3	6
7		4		1	6	2		5
6	2		9	8	5		4	7
	1		6			9	5	
		8	4	5	1	7	2	
	7	9	2	3		4		
8			7	1	6	4		
2	4	6	5				3	1
	5	1				6		

Sudoku 553 - Easy

	4	6		8	9			2
9		2		1			4	
3	1	7		4	6		5	9
	9	8	4	7	5		6	
4		3	1	6				
1		5	3	9	2	4	7	8
		9	6	5			3	4
		4	9	3		2		1
			8	2			9	6

Sudoku 554 - Easy

2	6	4		1	7	9	3	
9		1	4	3	6	2	7	8
	3		5	9	2	1		
7	1	9		8	5			
3	2	5	9	7	4	6		
	4	8			3	7		9
1		6			9	5		
5	9	2	7		8			3
	7				1	8	9	6

Sudoku 555 - Easy

2	9			1		4	3	
		4		9			8	1
7		1			4	5		6
	3		7	5	9	1	4	2
9			4		1	7		
1				6		8	5	9
			9	7		6	2	
5	6		1		3	9	7	8
8		9	5	2	6		1	4

Sudoku 556 - Easy

4		2			7		8	
8	9				6	3	7	
	1	7	2	3		9		4
9		8	1				6	7
		1		7		8	9	3
3	7	4		6	9	5		1
5		3	6		2		1	
7	2	9			1	6	4	5
		6		9	5		3	

Sudoku 557 - Easy

	2	9		3	6	8	1	5
1			2	8			6	9
6	4	8		1		7		
	6	4	9		2	3	8	1
8	1			6		9		4
9		7		4	1	2	5	
4		6	1			5	9	
	8		6	9		1		7
3	9		7	5	8	6		2

Sudoku 558 - Easy

		2	6	8	3			4
	9	5					3	
6		3	4	7	9		2	5
	3			6				1
8	7	5	3		4	2	9	
	2	6	8	9	5	7		
3	4	8	9	5	7	1	6	2
	6		1	4				9
5		1		3		4	7	8

Sudoku 559 - Easy

2		5	8		3	6		4
1	9	3		6	4	5		
			5		2	9		
7		8		5	9	4		
5			2	4				8
6	3		1	8	7	2		
9			4	3	1		5	7
4		1	6		8	3	2	
3	8		9	2		1		6

Sudoku 560 - Easy

		9	7			3	8	5
5	4	3		2	8			7
8		6	5	1		2		4
1	8	7	6	5		9	2	3
9	5	2		8		6	4	
	3		2	9	1	5	7	8
	2		4	7				
4				6	5		3	2
7		5		3	2	4	1	

Sudoku 561 - Easy

6	1		7			4		2
8	2	5				9		6
9	7	4	6	2	8	5		
		8	2	1	6		5	9
	3		8	7		6		
1				5	9		4	7
2		1					6	8
4	9		1	8	7	2		5
3				6	2			4

Sudoku 562 - Easy

1	4				6	3		8
3	9							2
7		6				1		5
8	1	7	2	4		5	3	6
	6				5		2	7
2	5	9	6	3	7		8	
5	2	4	3	8	1		6	
	3	1			2			4
9	7	8		6		2	1	3

Sudoku 563 - Easy

	5	2	8				9	7
4	7	6		5	9	1		8
	8			4	7	6	5	2
7			4	9		8		5
8	6				5	9		3
5	2	9	6					1
		7		1	6	3		9
		8	9	2	4	5		
	9			8	3		1	

Sudoku 564 - Easy

		1			3	9	8	7
	5		6	9				2
	8		2	1	7	6		
5	6		7	2	1		9	4
9						7		3
	1		9	3	4		5	
4		8	3					
1		6	8	4	5	3		
	3	5	1	7	9	4	6	8

Sudoku 565 - Easy

4		7	5	3	8		2	
8			4	6	2	7		5
	5			7	1		4	
3		5	8	4		9	1	
7		9	1	5				3
6	1	8	2	9		4	5	7
	8		7					4
9	3		6		4	5	7	1
	7	4		1		8	6	2

Sudoku 566 - Easy

	8			7	5	4	1	2
5	4	1			2	7		9
7			9	1	4		3	
6	5	7	8	4				1
	4			2		6		3
2	9					5	4	8
9	7	5			1	2	8	
4				9	6	1		7
1		6	7	5	8	3	9	4

Sudoku 567 - Easy

7	3	5		4	8			6
		1				3	4	
8	4	9		3	2		1	
		2	9	6		8		
4		6	8		3			9
	8	7				6	2	3
	2	3		7	6	9	8	5
5	7		3	9	1	4	6	
	9	4	2		5		3	1

Sudoku 568 - Easy

5		1	4		6		7	9
4		7					3	2
8	9		5	3	7			4
3	4		1		5			7
2	8	9					5	1
	7	5	6	9	2	3		8
	1	3	2	4	9	7	8	5
7		4			1	9		3
9			7	5	3		1	6

Sudoku 569 - Easy

5			4	3			6	
8						4		2
2	3	4	6		9	7		
1	2		3				7	9
3	4		2	5		8	1	
	7	5	8	9	1		4	3
	6	1	9	4				
4	8			2	6	1	9	
9	5	2	1		3	6	8	4

Sudoku 570 - Easy

6	8	7		3			1	
4	1	9	7	8	6		5	
		3	4	1			8	
	3	6	9	2	4	5	7	1
1						6	2	3
	7	2			1		9	
	4			7	2	1		8
3	6	1	5		8		4	7
	2	8	1	4	3	9	6	5

Sudoku 571 - Easy

	6	5	1		3		2	
3			6	2			5	
	8	2	4			6		7
8				6	4		9	3
9	3		2	8	7		1	5
	5	4	3	9				
		3	9	1	6		7	2
6	7	9			3	2	5	
2			7		5	3	6	9

Sudoku 572 - Easy

2	4	5	6				7	3
9		8	5		3	6	2	1
	6	1		7		5		
4	1			5		9	7	3
8		2		3	7	1	4	
	3			6				2
		4		9		3	1	
6	8		4		5		9	
1	9	7	3				6	

Sudoku 573 - Easy

3	6	4	5	1		2		7
	1			2	7			
7	8		9	6	4		5	1
	2	5			1	7	8	
	7	1	8	5	2		6	3
	3	6	7	4		5	1	2
			1	8	5	9	7	
		7			6			
6	9			7	3			

Sudoku 574 - Easy

2	4	8		6		9		
5	3	9	8		2		7	1
7	6	1	9	3	5	2	8	
8	5	6		2		4		7
9	1	4	6			5		
3		7					1	
		2	4		7	3	6	9
6	7	3	2	8	9			
4	9	5	3			7	2	

Sudoku 575 - Easy

	7	5	3			8		
4				2	9	7	6	
	1	9	7	4	8	2	3	
			2	1				3
3	5	1		7		6		
9		2	8		5			4
	9				3	4		8
		4		9	2	3	1	
1	2	3	4	8		9	5	6

Sudoku 576 - Easy

	9		8	6	3		5	4
4		7		1				2
6	3	5	2		7	9	8	1
1	5			8		4	3	
			2			5	1	
	7				5	6	2	
5	1		6	7		8	4	3
8	4		9		1	2		
	2	3	4			1	9	6

Sudoku 577 - Easy

	9	6			5			2
3	4		6	2		5	8	7
	2			7			6	
1		7			6	9	2	3
		9	7	1		8	4	
		2	3		8		7	1
2	7			6	3	1	9	8
		8	9	4			3	6
9	6			8				4

Sudoku 578 - Easy

		4	8			3	5	
		3				7		4
5		7	3	2		1		
			8			5	7	1
7	2		4	5	1	6		
		8	7			3	2	9
4	7		9	3		8	6	
	9	5	1	7		4	2	
8	3	2	5		6		1	7

Sudoku 579 - Easy

2	1	9	3	6				7
	8	4		1	9		2	6
3			8	4	5	9	1	
9	2	5			6	1		8
8	6		9		2	4	7	
7			5			2	6	
	5	2	6	4			8	
6	9	8	5	2		7		4
	3	7			1	6		2

Sudoku 580 - Easy

						2		3
	5	6		8		7	4	1
4		3	5		7		6	8
6	4				3	1	2	7
5	3	1	7		2			9
8	2		4			6		5
9		4		7		8	1	
3	8	2	9	1	4	5		6
1	7	6			5	3		

Sudoku 581 - Easy

1	4		3	7		9	8	
3		8		9	5	2		
5	2		8	6	4		7	1
			7	1			2	
2			6	4	3	5		
4		1	5		9	6		
	1		9	5		7	4	
9	6	3	4	8	7	1	5	2
7	5	4	2				9	6

Sudoku 582 - Easy

6				3	5		4	7
	1	3	8		2	9		
2		4		7	9			
5	2	8	9		4	3		1
3	7		5		8		9	4
9	4				3	5	8	2
	6	5		8	7	4	2	
4			2		6	8	1	
			9				5	6

Sudoku 583 - Easy

4				5	6			8
3	8	7	4	2	9	1		
6	2	5		8	7	3	9	4
7			2	6			4	
1	9		7	4	5			3
5	4	6			8	2	7	
9			7	4	6	3	2	
8		3	5	9	2		1	7
	7	4						9

Sudoku 584 - Easy

	5		9	6	4			1
4		1	3		8	9		
3			2	1	7	6		
1	4		2		3		8	7
	7		1	5	6			3
6	2	3				1	9	
7	3			4	9	5		8
	1	4			5	2	7	6
5	8	6	7	1	2		4	9

Sudoku 585 - Easy

1		8		2	9	5	6	
6	9	5		8		4	7	2
	2	7			4	9	1	
9	3			6	7	8	2	
		6	9		2		5	7
5		2	8		3	6		
4		9		7	6		3	
7		3	2	9	8		4	
2	6	1	4			7		9

Sudoku 586 - Easy

3		5	8				4	
1		9	7	3	2	8	5	
			5				1	9
6	7	2			5	1	9	3
9	3	1	2	7			8	
8	5	4	3		1	6		2
5			1	4			2	8
4			9		7	5		1
	1	7	5	6	8	9	3	4

Sudoku 587 - Easy

5		3			1			
		2		6				1
	1		2	7		3	6	5
		5	7		9		4	6
	4	6	1	5	2	8	3	
	7	8	6	3				2
8		7	4	2	3			
6		1		9	7		8	4
2		4	8	1	6	5	7	3

Sudoku 588 - Easy

1	4		9	6			7	
6				7			1	4
	7	5				6		9
			3	2		4	9	8
				8	4	7		3
4	3	8		9		2	6	
5	1	6					2	7
8		4	7	5	9	1		6
3	9		6	1	2	8	4	5

Sudoku 589 - Easy

	5			8				7
6		2		1	4	8		
8	1			6	9		3	5
	6	1			5		7	
3		7	6	9		5	4	1
		9		8	7		2	
4		5			6		9	
1	3		9	7		8	5	2
	9		5	2	3	6	1	

Sudoku 590 - Easy

9	4	3	7		1			2
		1	2			4	3	9
6	2	8	9	3	4		1	
1		4	3	9				8
2	8	9			5	7		
	3		8	6	2	1	9	4
	1	6	4			9		5
		2		7	9		4	
4	9	7		1	3			6

Sudoku 591 - Easy

		7		4				9
	9	1		5			4	3
			2	9	6	7	5	1
6	7	2	3	4	5	9	1	
	4	5	7		1	3	6	2
8	1	3	6	2	9	5		4
	2	8		1				6
4	3			7	8	1		5
	5	9			2		3	7

Sudoku 592 - Easy

	4		2	3			8	1
5					8			
		2		5			3	4
	5	4	7			3	1	2
1	7	8		6	2	4	5	3
2	6	3	5	4		8		7
8	9	7	3	2	4		1	
3	1			9	7			
			8	1	5	3	7	

Sudoku 593 - Easy

	9			7		1	5	
6	7	5	1	2		4		
4		8			9	3	7	2
	5		4	1				7
2		7	9	3	8	5	4	
1		4		5			3	9
		6	2	8			1	
8	3			4	1			
5		1	3		7	6	8	

Sudoku 594 - Easy

	8	7	9		6	2	5	
9		4	2			7		1
		6	3	7	1			4
4		9	6	3		5	8	7
	6	5	4		7			
	7	3			8	9		
		2		1	3	4	7	
7	4	1	8	2	9	6		5
	5	8				1	2	

Sudoku 595 - Easy

2	9					8		1
7		8	5	2	9	4	6	3
5	6		8	1	3	7	2	
9	3		2	5				8
					1		3	6
	2		3	6	8	9	4	
6			1	3	2			4
8	5						1	7
	4	1	7	8	5	6	9	

Sudoku 596 - Easy

	2	4	1	7			9	8
		7	4			3	2	5
		8	6	2		7		
5	9		7			1	8	6
		1	3	6	8	2		9
8		2	5	9	1	4	7	3
		5	2	3			6	7
4		9	8		6		3	2
				7	8			4

Sudoku 597 - Easy

			6	9	7	4	3	2
4	7	9	5		2			8
3	2		4		8	7		
9		2	1	4	5		8	
	1	7	2	6	9	3	4	5
5	6	4			3	2		
	9		3	2	6	5	1	4
6			7	8				
2			9	5	1	8	7	

Sudoku 598 - Easy

1	4		6		9			5
8	3		2		1			6
9	2	6		5	4	7		
7	9	4	3	8	6	1		2
	6	2		1	5			
5	8	1	7	4	2	9		
	7	3	1	2	8			
	1	9	5	6	7	3	2	
2	5			9	3			7

Sudoku 599 - Easy

7	4	8						6
9			6	8		2		7
6				1	7	8	4	
8		9			2		7	
	1		9	3	6	4	8	2
4	2				5			1
		6	7			1		
		5		2	9	7	6	3
2		4	3	6	1	9	5	8

Sudoku 600 - Easy

4			7		5	1	8	3
	6		9	8				4
	7		2	1	6	9	5	
7		3					6	
6			8				3	9
9	1	4	6	3	7	5		8
3			1	5	8	9	4	2
1	4	8		7	9			
	9		3	4	6	8		

Sudoku 601 - Easy

1	6	8			7	3	4	9
			9				6	8
9	3		8				1	7
2		7	3	5	6	1	8	
3			1	4			7	
4	8	1		7			3	5
6		2	7		5	4	9	3
		3	4		1		2	
	4		6			7	5	1

Sudoku 602 - Easy

1			2	8		3	9	6
		9	1				5	8
3		6			5	2		1
8	7	1	6	2	9		3	4
5			2	4		8	6	
6	9			5	7		8	
	1		8		2		6	
9	6	8			1			7
	2			7	6	8	1	5

Sudoku 603 - Easy

		3		8			2	1
4	2	9	5		1	8		
8			2	7	9			4
1	9		3		7			
	4	2		1	5	7	8	9
	7			2		1		5
9		7	1	4	2	5		8
2		1			6	4	9	3
	6				3	2	1	7

Sudoku 604 - Easy

3	1		4			8	2	7
	9				2	1	4	
			3	1	8	6		9
1	8	2	7	4	5			6
5	4	6		3	9		1	2
9		7	2	6			8	5
			6	2		9		4
			1		7	2	3	8
2				8		5		1

Sudoku 605 - Easy

	1	3	4	5	2			
5	2	8	7		6			
6				1	3	2	5	7
	6	1	9					2
2	8	5		7	1	6		
9		4	6		8		1	
	9				7	1		6
1	3	6	2	8		7		
8	5	7			9		2	

Sudoku 606 - Easy

		3		9	8			2
8		1	4	5	3		6	9
9			2	1	7		8	
1		7			6			
			9	7	4			6
6	8			2	5	9		7
2	6	5		8				3
4	7	8		6		2	5	1
3		9	5	4	2	6		

Sudoku 607 - Easy

9		8	2	5	1	4	7	6
		2		3			1	
1		6	4	8	9	3	2	
8				9	4			
	9		8	1	3		4	2
	1		5	2		6	9	
3	6		9			2		
2	5			4	8	7		
7	8		3	6	2	9	5	4

Sudoku 608 - Easy

	4	7				3		
1	6		7	8	3	4		
2		3	9	6	4	1	8	
			4	3			2	
5		8			9	7	1	
4	2		5			9		8
3	1	2	8			5	9	6
	7	5	2			8	4	
		4	3	9		2		1

Sudoku 609 - Easy

7	1			2	3	6	4	
2		4	9				5	7
8	5			6		1	9	2
	2				7	8	6	9
6	8	7	1	3	9	5		
9		5		8	6			
1	9		6	7			3	
4	7	6	3	9		2	8	
5	3	2				9	7	6

Sudoku 610 - Easy

5	7		8	4	9		1	2
2			6		5		7	9
6	4	9	2	7		3		5
			7	5	6		9	4
9		1	4			5	2	
				1		8	6	
8		7		6		9		1
	3	6	1	9			5	8
1				2	8	7		6

Sudoku 611 - Easy

	6		9	2	8	4	7	
4		7	3	5	6			2
		2			7		6	5
	9	5		6	4		8	3
2	3	8			1	7	4	
7	4	6	8	3	2		1	9
			7	3	9	5		
	5	4	1	8		6		7
6	7	9	2			1	3	

Sudoku 612 - Easy

	2	6	8	4				7
4			2	5	7	1		3
7	5	1		9		2	8	4
	8		6		2	4	7	
1			5	7		3		8
5			9		3		1	
6		5	1			7		9
2		9				8	4	1
	1	7	4	3	9	5		

Sudoku 613 - Easy

	2			1	8	7		4
8	4	3		2		9		
7	1	9	6		4			5
3	9	8	7	5	6	4	2	1
		6	2	4		8	5	
4		2		8	1	6		7
5	6	1	8	7	2			
9		4	1		3			2
2						1	6	8

Sudoku 614 - Easy

3	5	8	6					4
4		1	3		7			
	1	6			7		8	
5	7	1	6		9	4	2	3
8	2		4		3	1	7	
4	6	3				8	5	9
				8			4	
3	8	2				6		7
1		4	7	2	6	5		

Sudoku 615 - Easy

	9	8				1	3	
2	3			7	1	4		8
6	1	4		3	8			9
	2	7	8	4	6	9		
9	8	3	7			6		
	4		1	9				7
	6	9	3	2	4	7		5
	5	2	6			8	9	4
4		1	5	8	9	3		6

Sudoku 616 - Easy

4	1	8		7		2	5	3
2	3		4					7
			1			8	6	4
3	5	1	8		6	7		
		4				5		1
7			5		1		4	
6	4	3	7		5	1	8	
5	9	2	1	8	3	4		6
		7	2		4	3		

Sudoku 617 - Easy

	9		8		7	2	5	
8	6		1	2	5			4
1			9	4	3	8		7
2		9		8	4			6
				1	5	7	2	
5	3		2		6	4	9	8
		5		8	6			
	1	6	4		2	7	8	3
	8	4	6	3	9		2	

Sudoku 618 - Easy

			3				7	
6	4	8	1	7			5	3
	7		5		2	4	1	8
			4		6		3	2
	1	2	8		5			
4	8				3	5		1
	6		9	3	1	7	2	
	3		6	5	7	1	8	4
7	5			8	4	3		

Sudoku 619 - Easy

2			5			8	9	
		4				7		3
8	1	7	2		3			4
6	9	8	7	5	1	3	4	
	7	3	8	2		6	1	5
	2	5		4	6		8	
		9	4		5	2		8
			9	8	7			6
		1	6	3	2		5	9

Sudoku 620 - Easy

		1	9					2
	9		6	7		8	5	1
6		7	2	1	8	4		
	6	5	7	9		2	4	
9				6			1	
		3	8			9		6
7	3	8			4	6	9	
	4	6	3	8			2	7
	2	9	5	6		3	8	

Sudoku 621 - Easy

	5	2	6				1	3
3	4	8	9	2	1	5	6	7
6				5				2
	6	3		7	5	1	2	9
	9	1	2	3	6		8	
	7	5			9		4	6
1			7				5	8
	2			1	8		7	4
7	8	4	5		2	6	3	1

Sudoku 622 - Easy

6	8			9	7	2	1	
		9	8			5		
	2	1	5			7		9
5			7	4	6	8	9	
9	4	7		2	8		5	
	6	8			9			7
1		2	9		5		7	
			7	4	1	3	5	
7	5	4		3		9		8

Sudoku 623 - Easy

	9		5			6	2	
	4			2	3		1	8
6	2	3		9	1	7		
3			1	5	6	8		2
4		6	7		2		9	
2	5	1		8	4	3	7	6
7	1	2	4	6	8		3	9
	6	4	3					1
	3		2		9	4		

Sudoku 624 - Easy

9		1					8	4
5	7	3	4				1	
8			1	7	9	3		
	5			4	7	8		3
3	8	4		1	6	5	9	
7	6	9	8		5	2	4	
4	3	7	5			9		8
1	5		7		2		3	6
6	9		3		4	1		

Sudoku 625 - Easy

	4	7		8	5		2	
		3		4	7	1		9
9			1		2	4	5	
	6	9	4			8	7	
2			3	7	8	9	6	
8	7	4	5	9			1	2
7	3	8				5	4	
	9	1	7	5				8
	5	2	8	1		7		6

Sudoku 626 - Easy

6	5		4		7	8	9	
	9	2	5	8	6	1		4
4		8	1			7		
2			1			6	5	
5	1	7			8		2	3
3			2		4	7		
9			7			2	4	
8	7				2		6	
1	2		6	9		3	8	7

Sudoku 627 - Easy

3	6		8	7	2			
4			3			8	6	7
8			6	4	1			3
2	8		9		3	5	7	
	4	3	5	2		6		8
5	9	1	8	7				4
6	2		7	3	8			5
9		7						
1			4	9	2	7	3	6

Sudoku 628 - Easy

			8		3	1	5	4
1	6	8	7	5	4	2	9	3
4	3	5		1	2	8	7	6
3		7					6	1
	9	4				2		
6	1		5	4	7		8	
9		3		7		6		8
5	4			2	8	9	1	7
7				6	5	3		

Sudoku 629 - Easy

	6	2		7	5		8	
9	8	3	1	6		5	4	7
4		7	8		9	1	2	
5	9	8			1	4	6	3
6	2		5				9	
7		4		9	8	2	1	5
3	7	9	2					4
2		5	9	8				1
		1	6			4	9	2

Sudoku 630 - Easy

9			1	8	4			7
1	7		2			3	4	
5			4	9		7		2 8
	5	7	4					
6	3	9	8	1	5	4		
2			7	9	3		6	5
3	9		5	4	1	7	8	
4			6		9	2	3	
7		6	3	2	8	5	9	4

Sudoku 631 - Easy

4	3		8	9	7		5	1
2	1			6	5		9	
5	7							
	6	2		3	9	4		
8			2	5	1	3		9
3	9	5	6	4	8		2	
	5		4	8	6	9		2
6	2	1		7			5	4
9		4	5	1		6	7	

Sudoku 632 - Easy

9		2	5	4		8	1	3
	3	7	8	1	2	6	9	
8		1		3	9	7		2
	8		1		3	2	6	
2					6			1
3	1		4	2	5	9	7	8
	2			7	4		8	6
4		3			8	1		7
		8	2	5	1		3	

Sudoku 633 - Easy

		3	1				6	7
	8	4	6	3	7	2	5	1
7	1	6			2	8		
	4		2		8	5	1	6
8	6	5	9		3		2	4
2		1	5	4			8	3
			8				7	5
	9	8	7		5		4	2
6	5			2		1		8

Sudoku 634 - Easy

7		9	8	4	1			5
1	3	5	7		6	8		9
		4						1
4		3		6	5	2	8	7
5	2		3			9	1	6
	7		9	8	2	5		
3				1	9	4	7	
	4	6				1		
9	1			3	8	6		2

Sudoku 635 - Easy

7	6				5			
3	4	9	2	7	6			1
	1			9	8	7	6	4
9	7		6					5
8	5		4	1		6	7	2
6		1	7	5			4	8
4	8	6	9			5		
	3	7	8	6	4	1		9
			5	3	7	4		6

Sudoku 636 - Easy

	3	4	1	9		7	5	8
7	1		4	2	8	3	6	9
9					5			4
5	4	6				8	9	3
1				8	3	5	4	
			9	5		1	2	
	8	7	5	4			3	
			8	6		4	7	2
4		2	3		7	6	8	5

Sudoku 637 - Easy

3			4		1		9	6
1	5	4	2				3	7
	6	2	7	8			5	
2	3			7			4	
6				3		5	7	2
4		7	8	2	5	6	1	
	4	3	6		8			
8	2			1			6	5
7	1	6	5		2	3	8	

Sudoku 638 - Easy

5	4		8			1		7
			2	5	1		3	
3			4	7				8
	2	5	9	6	8	7		3
1		6	7				9	5
8	9	7	5	1	3	6	4	2
		1	3	9		4	8	
	6	3		8	4	5	2	9
9	8			2			7	

Sudoku 639 - Easy

2	9		3	7		6		
		1	9	4	6			
						5	4	9
1		5	8		2	9		6
	7	6	4		9	3		2
	2		5		7	4	8	
9	3	7	2	5	1	8		
	5		6		3	1	9	7
			7	9	4		3	

Sudoku 640 - Easy

		4		1		5		
1			8	2		9		7
		8	9	5	6	1	2	
		1	2	8	9	4	3	
5	2		1	4				
	8	3	5		7	1		9
8			1	2	5			3
2		6	9	3	4	7		1
	1	7					9	4

Sudoku 641 - Easy

6	7	2	1	9			5	8
		9	4		5	2	6	
5	3	4		6				7
			3			8		5
	9		2		8			1
2	5					3		
3		7	6	2	4	5	8	
9		6		8	7	3		
8	2	5	9	3		7	4	6

Sudoku 642 - Easy

1	4			9			6	2
2		7		5	3		8	
	3	8	4		6		1	7
6		3			9		4	
5		4	2	8		6	3	
8		2						
3		9	8	6		4	2	1
4	8	6				7	5	3
7	2	1	3					6

Sudoku 643 - Easy

7	6	9	8	5	2			
	4		6	1	7			5
5	1		3		4	7	6	
8	5	4		6			3	
9	2	7		3		6	5	1
6			7	2		8	4	9
	8	2		7		3		
3	7	5	9			1	2	
1	9	6	2			5	7	4

Sudoku 644 - Easy

	2		8	6	4			
9	3		2	7		4	8	6
4	8	6	5	9	3	1	7	
	4		9	5	7	3		
	7	3				2	5	9
5		8	1		2	6	4	7
3	1			2	5			
	6		4	1		5	2	3
	5	4	3		6	7	9	

Sudoku 645 - Easy

5	4		7		3		1	8
7				1	8	3	5	4
1		8	2	4		9	7	6
6			9	5	2		8	
	8		1		7	6		
3	2	5					9	1
9	6		5			8	3	
8	1		3				4	
2	5		4	8	9			7

Sudoku 646 - Easy

3		1	4		2	5	8	
		4	3	1			7	
	9		5	7		1	4	
7			8	4	6			5
6	3	8	2				1	
4	2	5	1	3	7	9	6	
9	4		7		1	2		6
		6	2				9	
	6	2	9			7	3	

Sudoku 647 - Easy

	2	4	3	1		8	7	9
	8			4	2	1	3	
1	5				9	6		
	3	5	9				1	8
9		1	2		8	7	5	
		8	1	5		9	6	
5	9	6		2	7	3		1
	4	2	8	6	1	5	9	7
	1		5	9	3	4		

Sudoku 648 - Easy

		2	8		1	3	7	4
4	5			3	7	1		
	7	3		6				5
	8	4		1	5		3	7
3			6		9		4	
2	9					6	5	
8	4	6		2	3			
5		1	7	9		4	8	2
7			1	8			6	3

Sudoku 649 - Easy

2	7		3			4	1	6
	3			6				9
1	6	9	8	2	4		5	3
5		7				9		2
9	4		1		2	5	3	7
		3	5	7		1		4
3	8	4	6	5		2		1
	9	1				3	7	5
		2			3	6	4	

Sudoku 650 - Easy

	2		6	1		8	4	3
			8	2	3			5
8	1		4		7		9	6
1	4		7	8	5	3		
			2	3		6	7	4
3	7	2				5		1
6	5	7	1	9			3	8
4	3					9	6	
	8	9			6			7

Sudoku 651 - Easy

9		5		8	3	7		
3		8	7		2	9	1	6
2	1	7		6	4		8	
6			8		5	3	2	
	2		4		7	6		5
5	9	1			6	4		
1						8		7
7	5	9	3			1	6	
4		6	5	7				9

Sudoku 652 - Easy

4	1							
8	2	5		1	6	3		9
3		9	7	8		1	4	5
9	5	4		6		2	8	
7	3	6	5	2	8	4		1
1		2	3			7	5	6
			2		5		1	7
	9	8		7			3	4
5	7	1		3	4		6	

Sudoku 653 - Easy

2	6		5		9			7
7	5		6		1	2	9	8
1			2		7	5	6	3
	2	5	4	1	8	7		9
			3	6	2			5
8		1	9	7				
	9	7	1		6	4	8	2
	8		7	2				1
5					4	3	7	6

Sudoku 654 - Easy

		8	6	2		1		3
	9	4	3	1	7	5	8	2
	1	3	4		5		7	6
3					8		1	4
	6	7		4	1	3	2	
	2			3	6		9	
9				6	4			
	8		1	5	2	4	3	
	4		8	9	3	2	6	7

Sudoku 655 - Easy

1	8	5		2		7	3	
3	6				7			9
7		4		3		2		
		6	7		1	9	4	
9			2	6	5	1	7	8
8	1	7		4		6		
6	3	9		7		5	2	
	5	1			3	4	8	
4	7		5			3		6

Sudoku 656 - Easy

		6	7		8	3		
9		3			8	4		
4			3	9	2	5		
8				6	4	2		1
	6	9	2	8				3
	4		9	7	3		5	8
			1	5	6	7		
7	8		4	3				2
	1	4	8	2	7	9	3	5

Sudoku 657 - Easy

1	9	4		3			5	7
	3	2	6	1	7	9		
8	6	7		9			1	
6	5				2	3	8	4
7			5		3	1	9	2
		3	8	4	1			
2	8		3	5	9	4	7	
4		5			6			9
	7	9	1	8			2	

Sudoku 658 - Easy

8		7	9		4		6	1
		6			1		9	3
	3	9			8	4	5	7
	1		3	6	7	9		8
3	6			4	9	1	7	5
	9	4	8	1		3		6
	8	3		5	2		1	
4	7	5				6	8	
		1		8	6	5	3	

Sudoku 659 - Easy

4	3	2	5		9	1	6	8
	9	6		1	8	5	3	2
5	8	1		6				
8			7	2			1	
1		9	8	4	3	2		
	6				8	4		
	5	7	2	8	4	6	9	
	1		9	5				3
9	2	4						5

Sudoku 660 - Easy

		2	7	4	1	6		9
	7	9	8		5			1
4	1	8	2		6		3	
9	3		4		8		7	6
	6	4			2	1	9	3
1			9	6		8		
2	9		3			4	7	6
5	8				7	9	1	
7								2

Sudoku 661 - Easy

		6				4		
7	9	1	8	2	4	3	5	6
4	2	8	6	5		9	7	1
8			9	5	6			3
6	5	9		3		7	2	
	4	3	7	8	6	5	1	9
			1	7			3	4
		2		4			6	7
	7		3	6		2		5

Sudoku 662 - Easy

1	4	7	9	3			8	
9	2	5	1	4		3	7	6
6	8	3	5	2	7	1		
7	1	2		8		6	4	
		4	6			7	3	8
	6			7	9	2		5
			2	5	4			7
4				6		8		3
2			8	9	3	4	5	

Sudoku 663 - Easy

	8	5	3	2	7		4	9
3	2	4		6	9	8		7
7	1	9		8	5		6	
8	6		7	9			2	4
		3		5	8	6	9	
9	5	2		4				
	9		8				3	6
1	4	6	5	3		9	7	
2			9	7			1	5

Sudoku 664 - Easy

8	1	4	7	3	9			
6		2	4	8	1		9	7
3	7	9	5		6		8	4
4	3							
		1	8	7	3	6		
5		8	9		4		3	
2		5	1		8	4		3
	8	3	2	4	7			
7	4	6	3		5	8	2	

Sudoku 665 - Easy

4	2			7		8		6
	5	3			6		2	1
6	8	7	1		2			5
7			5	8	1			9
			7		3	6	5	
	3	5		6			8	7
1		4		5		9	7	
	9	2	6	3				8
3	7			1	4		6	2

Sudoku 666 - Easy

		5			1	8	2	
1		4	5	3		6	7	9
9		8		4		1		3
	1	6		5	7	2	9	
8			1	6	9			7
	9	7	2		4			1
2	8	9	7			3	4	6
7		3			6	9	1	5
5		1		9	3		8	2

Sudoku 667 - Easy

	9	6	4	1			7	5
	2	5	3				4	
	7	4	2	5	6	8	3	9
5	1				2		9	
		8					1	2
4	3			7			6	8
7		3		2		9		1
2	8	1	9	3	4			7
6		9		8			2	4

Sudoku 668 - Easy

4	2		6	7	5		1	3
8	5	6	1	2				7
	3	1	8	4	9	2	6	
			9	1		5		
	1	4	2					9
2	9	8		3	4	6	7	
6	4		7		1		5	
9		2	3			1		8
1	8		4	9				

Sudoku 669 - Easy

	8	4		2	9	6	1	7
6		2	5	4		3	8	
9	7	3	8	1	6		4	5
1			7	3	2			
	9	7		8			3	2
	2	6			4	8	7	1
8	4	9						6
		5	1	9			2	
			4	6	5			

Sudoku 670 - Easy

9		7	1		3	8		4
3	2	8		9			1	
4		5		2	7	9	3	6
8		6		1			5	
2	9		4	8	5	1	6	7
7		1	2	3			8	9
	8		3		1		4	2
1	7	4		6		3	9	8
	3			8	6	7		

Sudoku 671 - Easy

4	5	6		3			1	
8	9			6	2		7	4
	7		4		1		6	9
	8	2	3	1		4	5	6
				4	6			7
7	6	4	9					
6				5		7	3	2
5	2			6	9	3		
	1		2	7	4		9	5

Sudoku 672 - Easy

	5	8	4	6		7	9	3
			3	7		2	8	5
3			5	8		4	1	
	4		9	3		5	2	
	2			4				9
9			2	5		1	4	7
4	6	7	1					2
	8	3	6	2	5			4
5	9	2		4		3	6	

Sudoku 673 - Easy

	4			1	7	5	9	
6		3				1	4	
7	1		4		6			
	6				5	3		1
1	2	5	8	3	4	7	6	9
9	3	7		2			8	5
	7		5	4	3		1	8
5	9	4		6	8	2	7	
3			9			6		4

Sudoku 674 - Easy

4				9	7	2		
5	9	7		2	6	4		8
6			4	3	8	9		
7	1		3	6	5	8		
8	6	3	2	1	4			
	4	5	7		9	3	1	
			9	5			8	4
9	5				1	7		3
		4	6	7		1	5	9

Sudoku 675 - Easy

	9	1	4	7	3		8	
2	6			1	9	3	4	
	4	3	2		6	7		9
	1	4		2	5	8	6	
9				3	7	4	2	1
6		2					5	7
4			3	6		5		8
	8	5	7	4	2	1	9	
	7		5	9	8			4

Sudoku 676 - Easy

5	6	2		7		4	9	1
8	9	4	6			5	3	7
	3				5	8		6
	2	9		8	4			
			3		7	9	5	
3	5	7			9	1		8
9	4	8	7	3			1	
	1	3	4	5		7		9
		5		9		3	6	4

Sudoku 677 - Easy

	9	5	1	7	8	2	3	
8			6	9	2		4	
2	6	1	4	3	5	8		9
	2		7	1		9	6	
6						3	8	1
3		9		6	4	5		
		6	2	4	1	7	5	3
1		2	3	5	7		9	
	5		9			6	4	1

Sudoku 678 - Easy

6	1	2		9	4	3	7	8
	8	7		1	3			4
4	3	5		7			9	6
		8	3	4	6	9		7
7	6		2		9		4	1
		7		1		6	3	2
	4				5		6	3
3		1	4	6	7	2	8	
2	7	6					4	1

Sudoku 679 - Easy

9		1		5	4	3		
	6		8	3		5	1	9
	2		6		9			4
5	3		1	6		9	4	7
7	1	9		2			5	6
6	4	8		9	7	1		3
		3	9	4	6			
8	9					4		5
2		4	3	8	5		9	1

Sudoku 680 - Easy

4		8	3	7	9		2	5
2	7		4	5	6	1		9
6				8			3	4
1		6	9	8	4	5	7	
5			2		3	9	4	1
	3	4		1	7		6	8
	4		8	9	2		5	
3		9			5	8		2
		2			1	4	9	7

Sudoku 681 - Easy

	4	1	9	8	5		2	
			3	4		5		1
6					7	4	8	3
9	8	5		6	4	3	1	
1		2		5	3			7
4		3	1		2	8		5
7		8		2	9	1		
5			4	3	1		7	8
	1	4		7	8			

Sudoku 682 - Easy

7		2	6	8	4	5	9	
	9	8	1	5	3			6
6	5	3	2		9	8	1	
	6	5			7			
	7		3	6	2			5
			5	1	2			8
1	8			9		3	6	2
5		6	4		1	9		7
		7		6			5	1

Sudoku 683 - Easy

			9	2	8	7	1	
9		8		4		6	2	3
	2		3	8	1		4	9
	4	6				2	3	7
8	7				3	9		
	9		2	7				
2			6	5	7	8	4	
7	8		9		4	1	6	
1	6		7	2				5

Sudoku 684 - Easy

	6	1		9		3	7	
7	5	3		6	2	1		4
2					1		6	8
1			4	8		9		5
	8	2	9	1	3	7	4	6
	7			5	6	8		1
6			1			2	5	3
	5	7					1	9
3		9			4			

Sudoku 685 - Easy

2	3	1			8	5	9	4
	9			4				2
	5		9	1		3	6	7
8	1		5	3			4	9
9	4		7	2	1	6		
5		2	8			1	7	3
3	7		1	8			2	
			4		3	7	8	
1	8		2	6	7	9		5

Sudoku 686 - Easy

	8					9	5	
	2	4	7		5	8	3	
5		3	8			2	6	7
1	7	5	9		6	3		2
8	6				7		1	5
4	3	2	5		8	7	9	
2	9	8				6		
7	5	6	3		2			9
3	4	1	6		9	5		8

Sudoku 687 - Easy

6		8		2		4	3	
2	5	4				9	1	8
			4		9	2	5	
	1			9		7	8	4
4	7							9
8	6	9	1			3		
9	2	3		4	5	8	7	
1	8	6	9	3				
	4	7	8	1		6	9	3

Sudoku 688 - Easy

	6		1			9		7
	3	2	7	9		1	8	
7	1	9	8		6			
5	9			2			1	8
3			5	1		6	7	
1	7	6	9	8				2
2	8	1			9	7		3
9		7		6	1	8		5
6		3					9	1

Sudoku 689 - Easy

	2			1	6		9	4
4	6			5	7	3	8	1
		8	3	9		2		6
	1		9		3	5	4	
2	5	4	6		1	9		
9	8		4		5	6	1	7
8			7	4		1	6	5
5	4				2	8		
7		1	5	6			2	

Sudoku 690 - Easy

	3		6			1	5	4
6	2		9	4	5			
	4		2	3	7	9	8	
3			1		8		9	
4	8	7	3	6	9	1	2	
1		2	5	7		6	3	8
			7			8	5	4
			8	5	6	2	1	3
8	5		4	1	2	7		9

Sudoku 691 - Easy

4	7	5					6	
1			5			4	9	7
9		3			6	2		
7	3	1				9	4	6
	5		6		4	1		
6	9	4	3	7	1		8	
5	4	7	8		2			
2	6	8	9	5	3		1	4
3	1	9	4	6	7	8	2	

Sudoku 692 - Easy

4	7	1	9		3	8		
	8		4		6	3		2
2	6	3		8			9	
5	3			4				8
8		9		3	7	1	5	
1	4				8	7		
7	1	8	3	9	2	5	4	
6			5	7	1		8	3
3	5	2	8		4	9	1	7

Sudoku 693 - Easy

9	8	3		4	5	1	2	
	7			8			5	6
	6		1	7	2	3	8	
8		4	2		9		6	3
	2		4	5		8		
7	1	9		6		2		
2	3	1	5	9	4	6		
5			3	8			1	2
	9			2	1		3	4

Sudoku 694 - Easy

4		7		8	3		9	
5	8		1	4	2			
	1	3		9		5		
1	2		3	6	4	9	5	7
6	9	4	8	5		3	1	2
7	3			9			8	6
8		2		3		7	6	
	7		6					4
3	5			8	1	2		

Sudoku 695 - Easy

	6			4	9	8	2	1
	5	8	2	6	1		4	
	1	4			3		6	5
	2	5				6	3	8
8	9	7	1	3	6	4	5	2
4		6			5	1		9
	4	9		1	7		8	
6		1		5	2		9	3
3	7		6				1	4

Sudoku 696 - Easy

5					9			2
	9		5	2	3	4	1	
	3		1	4	8	9		5
	4	9	6		2		7	
	6	3			4			
1		5	3		7	6	4	9
9	5	2		3	1	7	8	6
4		1		9	6	5	2	3
3	8	6	2		5	1		4

Sudoku 697 - Easy

	6	2		7		8	9	4
5			9	4		6		2
9	4	8				5		7
	8	4	7	1			2	5
7	2			5		9	8	
	9	5			3	4	7	6
	3			2			4	9
	7			6	1	2		8
2	5		8		4		6	

Sudoku 698 - Easy

		1	7			5		2
	2			6	3	9		4
4	7	9		2	5		1	6
1	4	2		5	6	7	3	8
8	9	5	3			6		1
6	3			8		2		5
	5	4			8			9
2	1		6			9	8	
	8	6	5					

Sudoku 699 - Easy

3		6	2	9		5	1	
		8			7	9		3
2	9		1		3	6	4	
4	2	9		6	5		8	
5				2		3	9	6
8	6	3	7	1		4	5	2
	8		9	7		1	3	
7	3			2	1			
9		5	8		6			

Sudoku 700 - Easy

	2	4		1	5	6	7	3
1		3						5
5		6	3	4		1	2	9
4	6			5	1	9		
	1	8	4	2			5	
	5	2	6	9		4	1	
2		5	1			3		7
	8	1	7	3	2	5		4
7		9	5	8		2	6	

Sudoku 701 - Easy

3							2	
	9	4	3	1		7	5	
	7	8		9		4	6	
6			9	3		8		
7	8		5	6			9	1
4			7	2	8	6		
	4	1	6					2
8	2	6		5	9		7	4
9		7		4	2	5	1	6

Sudoku 702 - Easy

		8	7			5	4	2
5	8		3	9	2	1		
	6	7				3	8	
6		5	4	3	8			
	8			5	9		2	3
3		9			1		5	
	5	6	9	8	7		3	
7	4	2	1	6	3			5
	9	3		4	5	7	1	6

Sudoku 703 - Easy

6	4			9	1			7
		8		6				2
	9	3	4	8	2	5	1	6
4	2	7		1	9		5	8
	6	5		4	8			9
1		9	7			2		
	3		1	2	6			5
2		6	8	3			9	
8	5	1				6	2	

Sudoku 704 - Easy

6	5	4	2	8	9	3	7	1
		1		7	3	8		4
					1		2	9
3			5	6	2			7
		2	1	9	7			
7	1		8		4	2	9	
2				4	8	9	1	
	4	8	9		6		3	2
	9	7	3					

Sudoku 705 - Easy

6		3	1	8	2	7	4	9
4		1	6	9		5	3	8
	8	7	4		3	1	2	
					8			4
3	6		7	4	5	9	8	1
8	9	4			6	3	7	
	3		5	6	9			
5		6	3			8	9	
2				7	1	6	5	3

Sudoku 706 - Easy

1		6		4	8	2	5	
	7				9	4		8
8	2	4	5					9
		8	9		2			4
	4	7	6	3	5	9	8	1
9	1	3		8	4	5	2	6
6			8	9	1			
	8	9				6	1	
	5	1	2	7	6			3

Sudoku 707 - Easy

		4	7		1		3	
7		3	4		5	1	8	
		5			3	7	2	4
	7				6			8
3				7		2		5
5	6	8	2		4	9	1	7
		9		8	2		7	1
	1		6	4	9	8		3
8			3		7		9	2

Sudoku 708 - Easy

2	5		3	7		9		1
	9		5			7	6	
6		7		8		4		
7	6	5	9	1	4		3	8
9						1	4	6
		8	6	2	3	5	7	
		9	2		5	8		4
1	4	6		9	8	3		2
		2	4		1	6	9	7

Sudoku 709 - Easy

	4	6	9			1		
	3	8	2	6	1		9	5
9		1		7	3	6	8	
6		2		9			4	1
4	1		7		2	9	3	6
				4				
8	9	3		2	6	7		
5	6		8				1	9
1	2			4		3		8

Sudoku 710 - Easy

		8		6		4	2	9
9	4	6	8	3	2	5	1	
1			5			3		8
2	7		4	1	8	6		
4			2			8	3	1
	8		9	5		7	4	2
			6	8		9		4
	5		4	1		2	8	
8			7					3

Sudoku 711 - Easy

	7	3		8	5		6	2
6		8			1			3
4	1			3		5	8	7
7	8				9	6	3	5
	6	4	1		3	8	2	
2		9	5	6	8			1
3	2	5	6	9	4			
1		7	8	5	2	3	9	
			1	7	2	5	4	

Sudoku 712 - Easy

5				2	3	4		6
		3		9	1	5	8	2
	8	7				3		
1	4			7	6	2		
	3	9		8	2			1
	2	5		1		8	6	4
9		4	2	6	7			8
8			1	3	4	9		5
		2	9	5		6		

Sudoku 713 - Easy

	5	3	6	9	2			8
				1		9	3	5
		7	3			6	4	2
3	4		2	6		7		9
		5	1	4	9		6	
8		9	7		3		2	1
9		8		2	6	3		
		2	9		4		8	7
		4	8		1	2	9	6

Sudoku 714 - Easy

5	2	1			8	6	3	7
6	4			2	7		8	
7	8	9		1			4	
1			4	8	5	3		
	3	6	7	9	2		1	8
9	5			1	3	6	7	
	6	4		7		9		
	9		2			8	6	
8		5		6	9	4		

Sudoku 715 - Easy

		1	9	8	3	2		7
5		7	6	2		9	4	
3				7			1	8
8	7	4			2	1	9	
	6	8	4	7	3	2		
2		3	1			7		4
			1			5	3	9
1	9	8		3			6	2
			2		9		7	1

Sudoku 716 - Easy

		9	5		3		4	1
4	2	5	9		8		7	3
3				7		5	9	8
		6	3		2			
2		3		7	5	1		6
8	5					7	3	2
5		7	6			8		9
9	4	2		5	1		6	
6		8		2	9			5

Sudoku 717 - Easy

	2		5	1	9			8
	6		4	3			9	
		9		6				4
2	9	1			5	7	8	
3			6	8	7	2	1	
6	7	8	2		1	5	4	3
7		2		5	3		6	1
	3	6		2	4	9		7
9		5	1	7	6	4	3	2

Sudoku 718 - Easy

	1		8	5		4	6	9
2	8	5	9		6		1	
	6		7	1	5			2
1	5	3		8		2	7	6
7	4	6				1	9	
8	2		6		7			5
5	9		7		4	6		
6		2		9			3	
	3	1	2	6	8	9		7

Sudoku 719 - Easy

4				1	6	8	5	
6		8	4	7		2	3	
3		1	8		9			
7		6	9	3	5	2	4	8
8		9		6		1		
		5		8	3	6		
5	6	4	1			9	2	
1	7			5	9	3	6	
9	8		2	6	4	7	5	1

Sudoku 720 - Easy

2	5	6		7			1	
8			6		4	9	2	3
	9		8	1	2		7	6
3			1	9	5			7
			6				9	5
9	6	5	7		3		8	1
6		8	2		1	7	5	9
						6	4	2
	7	2	9	4		1		8

Sudoku 721 - Easy

1	2	8				9	7	
7		9	8			5		3
6			4	7	9		8	
3	9	2					5	
4	8	6	5	3	1			2
5	7			2	6	4	3	8
2		7	6	5			1	9
9	6			8	7		2	5
8		5			3	6	4	7

Sudoku 722 - Easy

1	6	4	3	7		5		
		3	6	8				7
	8	5	9			2		
6	9	1		2	8		7	5
5	4			9	3	6		
	3		5		7		9	1
3	7			1	4		5	2
4	5	2			9		1	6
	1			5		7	3	

Sudoku 723 - Easy

	3			7	2	1		9
	7					5		8
	9	1	5	3		4		7
3				9			5	4
9	5	6	7	2	4		1	
1		8		5	6	2		9
	8		2	4	7	3		1
2			9	6		7	8	
7		3			5		4	2

Sudoku 724 - Easy

				1			7	6
2		1		5	7	4	9	8
6				4			2	5
4		5	3	2	1	7	8	9
1	2	8	5	7		6		3
7		3	4					
9	5	6					1	2
3	4					9	6	7
8	1		2	9	6			4

Sudoku 725 - Easy

7	3				9			
4				6	8	9	7	
2		6	7		3		1	
5			9		6	3		4
9	6		8	3			2	1
	8			2	7	6	5	
8	1	9	6	7	2	4	3	5
	7	5		8	4	1	9	2
	4		5	9	1	8	6	7

Sudoku 726 - Easy

	6	3	7	8	2	1	9	
			6		1	3	7	8
	8		3		4			
7		2	5	4	8	9		6
6	4	1						5
	9	5		2		4	3	7
4		9		7	5		8	
			1				4	9
	8	4	6	9	2	5	1	

Sudoku 727 - Easy

	3	7		4	9		8	
	5		3	8			6	9
4	9	8	6			3	1	
			5	9	1			4
3			2	6			9	1
1		9		3	4	6	2	5
	2	3			6		7	8
9			8		3	1	5	6
8		6			5	2	4	

Sudoku 728 - Easy

1	5	2	9	3		7	4	
7			2	5				6
		9	7	4	8		2	
4	2				3		8	7
	3	7		9	5	6		2
		1		7		4	3	5
9	7		1	8	4	2	5	3
	8		3		7			9
2		3	5	6			7	4

Sudoku 729 - Easy

	2	3	7				8	5
	8					3	4	2
4	5	9		8	2	6		1
9	6				3		2	
	7	8	5	2		1	9	
2	1	4	9		8	5	3	6
5	9		8		7			
7	4			3			6	9
8		6			4			7

Sudoku 730 - Easy

	9		3	8	2			6
4		6		2	9	7		
	5	8	9	7			1	
8		4	7	2	5	1		9
1	9	7	6		3	8	2	5
	2	3	8	1		4		7
	7	1		8			9	
	4	2		9		5		1
	8	5	2				4	3

Sudoku 731 - Easy

2	3	5		8	9	6		7
6	7			5			1	
9		4	7		2		3	8
7	6	3		4		9	5	
	9					3	6	4
5		2					8	1
3		9		1	7		2	6
4		6	9	2	8			
1		7			6		9	5

Sudoku 732 - Easy

7	4				1		6	
5	6	1		3		8	4	
8		3		7	4	2	1	5
		8	9	6	5	4	7	1
6	5	4				9	3	
1		9		4	2	5		
4		5	1				9	3
3		7	8	9		1	5	4
		6	4		3	7	2	8

Sudoku 733 - Easy

3	6		2	7	4	8	1	
5		4	8		9		2	3
	8	2					9	
8		5	9	4		6		1
9				2		5		7
1		6		8	3	2	4	
2	9		7		6	1	5	
6	5	1	4		2	3	7	8
4		7		5	8	9		

Sudoku 734 - Easy

5		9		2			3	7
	6		8	7	9	1		
2			9	3		8		4
4	1	7		5		3		
6	3	8	7			5		
9	2	5		1		4	7	8
8	5	2			9		4	3
	9		2		5		8	
		4			8		9	5

Sudoku 735 - Easy

6			5	4	8	3		
2		5			3			7
	3		1		8	6	2	5
4	5	2	9		6			
8	1			2	7	9		
7			3	8	5		4	
		6	7	3	2	1	8	4
1	2	7	8		9		6	
3		8			1		9	2

Sudoku 736 - Easy

7		2	3	4				1
3	6		1	9			2	
5			7	6			4	
6	3	8		7		2		5
9			8	5	1	4		
1	4		6			7	9	8
	1	9		3		8	6	
4		3	2	8	6			
8	7	6			9	3		

Sudoku 737 - Easy

8	7		1	4	6		5	9
4	9			3			6	
	5	6			2			8
7	1		2		3		4	
		5	6	8				
3		8	4	1	9			2
		4	7		8	6	1	5
	8	1	5	9	4	7	2	
5	2	7	3			1	9	

Sudoku 738 - Easy

9	8	1		6	2	3	5	
	5		9	4		6	1	7
6	7	4	5	3	1	9	2	
	9				4		6	3
5	4	3		1	9		7	
	6		2	7	3	5		
	3		1	2	5		8	
7	2	5		8	6	4		
				9			3	

Sudoku 739 - Easy

	1		2			8	9	5
	5			6	9	1	8	
		4	5		7	2		
1	8	5		3		4	6	9
2		9		8	1	3		
	7	6	9		4	8		2
		1	8	2	5		4	3
	3	7	1		6	5		
5	2		4		3			1

Sudoku 740 - Easy

7		4	2	9	6		8	5
5		2	1	7		6	3	4
1		6	3	5				7
8	1	9	7	3	5	2	4	
	2	5		4				9
6		7	8	2		5		
		8				3	5	
	5	3	9	8		7	6	1
2		1			3	4	9	8

Sudoku 741 - Easy

5	6	4	7	8		2	9	3
2		9	4	6		8	5	
3	8	7	9		5			6
7						6	2	4
			1	7				8
8	3	2	6	9	4			5
			2			3	4	
	4	3		1	7		6	
6	2				9	7		

Sudoku 742 - Easy

	4			8	7		1	5
5	7	3		9		8	4	6
1	2	8	6		4	9	3	7
4	3	1	8		9	5	6	
8	6	9	5		3	4	7	1
7		2	4	1		3		9
		4	2	3	5			
			6				2	
	8	7		4	1	6		

Sudoku 743 - Easy

1	7		6	8			2	9
9		6	1	2	4	3	7	
		8				4	1	6
2	9	7	5		1	6	8	
8		1	2			9	5	7
		5	8		7	1		
6				1	2			5
	1	2	4		9	8	6	
5			7	6	8	2		1

Sudoku 744 - Easy

6		2			7	8		3
9	5	8	3	2			4	7
			9	8	1	5	6	
3		9	8		5			6
1	8	6			4	9	7	5
2			1	6	9	4	3	
7			6		8	3	2	1
	6	3	4	1		7	8	9
8		1		9		6		

Sudoku 745 - Easy

7	6		3	8	5			2
	9			1		4	3	8
1	3	8	4					7
6	7	9			3	5		1
	2	5	1	6			9	3
8	1	3		5		7		6
2	5		7	9		3		4
9	4	6	2		8	1	7	
3		7		1	4		6	

Sudoku 746 - Easy

9	3	7		4	5		2	
1	5	8	9		2		6	4
	6		1	3		9	5	7
6	2	1	3				8	5
3	7		8			2	9	6
	9	5	2			4	1	
2			7	1		5	4	
7		6			9	8	3	
5		9	4			3	6	7

Sudoku 747 - Easy

	5	3	8	9		7	6	2
7		6		5			3	
4			6			1		8
	1	7		4			8	5
	6	8	3	2	7	4	9	1
9				8	1	2	7	6
8	2	5	7	1	9	6	4	3
6			4				2	
3	4			6	8	5	1	

Sudoku 748 - Easy

				7	6	1	3	
	3		5		9	6		4
		6			3		7	2
1	6	7	3	4	2	8		5
4			7	9	1	2	6	3
	9		6	8			1	7
		3	2		8	9		1
8		5	9	3		7	2	
	4	9		6	7	3		8

Sudoku 749 - Easy

	1					3	4	6
6	5	3	8	1				
7			6		3		1	5
			8			7	9	
8		9		4		5	3	
	2	5	3	7		1	6	8
5	4	6		9	1	2		
1	8		4	3			5	
9	3		5		8		7	1

Sudoku 750 - Easy

	5	6	4	1				8
9	2	8	3	5	7		4	
1	4	3	2	6				9
3	7		1	9	6	8		4
5							2	6
						7	1	
	9	4		7	1	3	8	
8		7			5	4		2
6	3	5	8		4			

Sudoku 751 - Easy

	8	4	1	9	6		7	2
5	7					6		
	6		5	3			9	4
	4	5		1	2	9		8
8		3			9		2	7
9		7		8	3	4	1	5
2			8	6	4	7		
4	5		3			1	2	
		8	9	2	5	1	4	6

Sudoku 752 - Easy

9	7	6		1	2	8	3	4
			3	7				5
5	2	3	4	8		9	1	
			1					2
	1	7		4				
	4	9	7	3	5			1
6			9			1	7	3
4	3	1	2	6	7	5		8
	9		8			1	4	6

Sudoku 753 - Easy

8	4			1	3		9	2
7		9	2			3	5	
	6	2		9	5		1	4
4	2	1					7	
9	7			5			6	3
6		3	8	7	2			
1	8		3	6	9		2	5
2		4	5		1	6	3	7
5	3	6				1	8	9

Sudoku 754 - Easy

	2	5		3	4	9	1	
	9	7	1	6	2	8	4	
8	4	1	7		5			
9	6	2		1	3			
5				2	8		9	4
4	1		5	7			3	6
			8	7	5	6	1	
1	8	9		5		4		2
7	5		2	4		3		9

Sudoku 755 - Easy

9			1	5		6	8	4
4		5	8	6	3			
6		8	2			7	3	
2	4				8	5	9	3
	9		3	2	5	1	4	6
1		3	6	4	9	8		
5			4				7	
	8	1	5		2			9
7			9			1	2	

Sudoku 756 - Easy

3	2	7	6	9	1			4
	4			3	8		7	
8						2	3	6
4	8	9	7					
	7		8	4	3	9	1	
1		3	9	6	2	7	4	8
		4			9	3	5	2
5	1	8			6		9	7
9	3		5	7	4	8	6	1

Sudoku 757 - Easy

3			1		5	7	9	
2		5	6	9	8	3		4
	8	1		7				5
5		9			7	1		
4	1		5	3		6	7	9
6		7	9	8		4	5	2
	9	4		5	6		3	
	6	3	8		9	5	2	1
						9	4	

Sudoku 758 - Easy

5		1	8	4			3	6
8	4	6			3		7	
9		3	1				8	
1			2	6	4			
		4	3	5			2	1
2	3	7	9		8		5	4
3	8	5						9
4	6	9	7	8			1	3
7			6	3	9	5		8

Sudoku 759 - Easy

7	9		4	8		1	6	
6	5	4		9			2	8
				2			9	
4	2	7	3		9	5		1
3	8		5		2	6	7	9
		5			1	2		3
			7			8	3	6
			9		6	7	5	2
5		6	2	3	8	9	1	

Sudoku 760 - Easy

3	2			1			5	9
4		9	7	2		3		1
	1		3		8	4	7	
5			6	9			4	8
8	4	1	2	5				6
	6		8		4		1	
7			9	3	1			4
1	3	6	5	4	2		8	
2	9	4	6		7		3	5

Sudoku 761 - Easy

2	6	5	1	8	4		3	
3	9		7	2	5	6		
	8	7	6	9	3		2	5
				7			9	
9		3	8	4			7	1
	1					4	8	3
			5	1	9	3		4
1	3	9	4					2
6	5		2	3		8	1	9

Sudoku 762 - Easy

8					9			2
4	3		6	8	2	7		1
				4	7	8		3
2	7	1		6			3	
	8	4	7		3		2	9
3	9		2	1	8			6
9	4	8	3	7				
5	6	3	4			9	8	7
7	1	2	8	9				4

Sudoku 763 - Easy

8				3	5			4	7
	7	5		6		4		9		1
	2			8				6	3	5
		1		2	6	7				4
	4	3			5			7	2	
7	5					8			6	
1	3			4	9	6			7	2
	6	4		7	1				9	
2	9			5	8					6

Sudoku 764 - Easy

4		5			6			7	1	
	3	6				1		5	2	4
	9	7		2	4				8	
9	4	3						2	6	8
	8	1			2			4		3
5								7	1	
6	5			4					3	7
2		4		6	7	3		8		
3	7	8		5	1	9		6		

Sudoku 765 - Easy

5				8	4			6	7	2
	8	2				7		1	3	
4		1		6					9	
9	5	6		7	8	3		4		
1	4	7						8		3
				1				7	5	
8		9		2	7				4	6
3		5		1		4		9	8	7
	6			3		8				5

Sudoku 766 - Easy

4				8	2			6	5	7
5		8		9	3	6		2	1	4
6	2	1				4		9		
3				2	5	7			9	6
	6	5		4	1	8		7		2
								8		5
1				6	4	3		5		8
2				1		5				9
8	5	3		7				4	6	1

Sudoku 767 - Easy

2	3					8		6		
9		1		2	4					
	5			1	6	9		4	2	3
8	1	5		9		2			4	
4		6			5	9		3		1
3	9	7		6		4		2		8
5	7			3		6		1		
				2	1				8	7
	8				9			5		

Sudoku 768 - Easy

						1		7	6	
5	3	7		9				8	1	
1	6			2	8			9		5
					2	5		3	8	9
				8		9				
7	9	8		4		6				1
6	4	1			7	8			9	3
		9		6	4				5	8
8	2	5		1		3		6	4	7

Sudoku 769 - Easy

	7		8		5			2
3			9	6	4	5	8	
4		8		7	1	3		
	8	7	1	5	9			
5	4	3	7	2	6	9	1	8
						2	7	5
7		9	5	1	8	4		3
8					2			1
	3			4	7		2	

Sudoku 770 - Easy

8	4			2	7	5		
	9				5		1	4
5	2	3		6		9	8	
9	7	6	8		4	1		
3	1	5	6	7		4		
2			5		9	7	3	
1		9	7		8	6		
4	5	8	2			3	7	1
7	6	2		4	3		5	9

Sudoku 771 - Easy

		3	8	7		2	4	6
	8	7	5			9		
4	9	2	1	6			8	5
2		9		3			1	7
7			9			5	6	
1	3	6					9	2
9		1	3	5	8	6	7	
	6	4	2	9		1	5	8
		5	4	1				9

Sudoku 772 - Easy

8					1	6	2	7
1	5	6					3	8
7	2			8				5
9			1	3	8			4
		3	2	7	5		6	9
2	7		9	6			1	
5	4	7				3	8	
6		2	8			3	7	5
3		1	7	5	2		9	6

Sudoku 773 - Easy

		3	7	9	4	2	6	5
7	9	4	6	2	5		8	
	5	2				9	4	7
8	3	1		4				6
9	7		3		6	4		8
2	4	6		7		1		
	1		4	8		6	3	
4	2		1	6	3	5		9
	6		9			8		4

Sudoku 774 - Easy

			6			8		9
	8	6	3	7	9	5	4	1
			1	4			6	
1		7	9	2	6	3		
	2	3	4	5	1			
6	9	4	8	3	7	1		
	6	5	7	8	3	9		2
	3		2	1	4	6		7
	1	2		5			3	8

Sudoku 775 - Easy

6		5	1	7	8	4	9	3
	1		4			2	6	
4		8	3		2	5	1	
	4	3	2	1	7			6
1			8		6		4	9
8	5		9	4		7	2	1
2	8	4		3		1	7	5
	6		5	8				2
		9				8	4	

Sudoku 776 - Easy

2	4		9		6		3	
7	5	8			3	9		1
6	3	9	1			7		2
4	2			6	9		8	3
		7	3	2	5	4	9	
3	9		4		1	2	7	5
		3	8		2			4
			6	3		8	2	9
8						3	1	7

Sudoku 777 - Easy

4	3	5	1	2	8	6	7	
7	8		5	6			3	4
9	6	1	7	4	3	8	2	
2		6	3	1		4	5	
	5	8	4	9		7	1	6
	4	7		8	5	2	9	
		4	2			9		
	2	3		7				1
6		9						

Sudoku 778 - Easy

	2						5	4
5		7	2	1	4	9	3	8
4	9	1	3				2	6
7	1		5	3		8	4	
	4		1					5
6	5		4	7		3		
1	8	4	9	2		5	6	
9	7	6	8		5	2	1	
	3			6	1		8	

Sudoku 779 - Easy

3	7		2	8				6
8	9		7		1	2	5	
		6	5			4	7	8
7	4		6	5	3	8	9	1
6		1		9	2			7
	3	9	1				2	
	5		8			1	6	9
	6	8		1			4	
4	1	7		2		3	8	5

Sudoku 780 - Easy

8	3	5	2			9		
1			5	3	8			
				7			3	5
9	2				5	7	6	3
3	6	8		9				
	5	4	3	2	6	1	9	8
		7	6	5	1			9
	1		9	4	2		8	7
5	9	2	8		3		1	6

Sudoku 781 - Easy

8	3	2		7			5	
	6		3	5	9	7	2	8
	5	7	6		2	3	1	4
	1	3	8	6		9	4	2
6	2	4	1	9	3		8	
			5	2			6	3
1			9	4			3	
		6	7	3		8	9	1
	9			1	8	4	7	

Sudoku 782 - Easy

9	5	1		3		7	6	4
8	4			7	6			9
3	6		9	1	4	5		2
4	9				5	8		
	8		4	2	7	9		
7		5	3					1
2	3			5	1	4	9	
5	1	4						8
6				8	1			5

Sudoku 783 - Easy

7	4	8		2	1	3		5
9	1	3	8			6		4
		6	3					
1		9	7	4	5	8	6	
	3	7				4	1	
6		4	9	1	3			2
3		2				1	5	8
	7		1	3	2		4	6
4		1	5		8	2	3	7

Sudoku 784 - Easy

	4	5	8	7	6	3	9	1
7	9		2	4		6		
1	8	6		9				2
3			9		8	1	6	
8				5	9			
5	2	9	6		7		4	3
9			7	5		2	1	
		2	1			7	3	4
	1			6		5	8	9

Sudoku 785 - Easy

9			4	5		7		
4		1		8	9	5		3
8	5	3	6	1	7			
5	9	8		7			1	
7	2				1		3	8
1	3	6	9				7	5
3	8	9	7	4	5		2	
6			8	9	2	3	5	4
			3			8	9	7

Sudoku 786 - Easy

7	1	3	6	4	9	5	2	8
6	5	9	3	8	2			4
		8	1	5	7	9	3	
	9	1			8			
4	7		5	2		8	9	3
	3	2		9	6		4	
	2	5	8	1		6		9
9		7		6	3	4	5	
		4					8	

Sudoku 787 - Easy

	2			1	7			6
3		9	2		6		4	
7		1			3	2	5	8
1	5		9		8	3		4
2	4	3	5	6		8	9	
6	9		3					5
			3			6	8	2
5		6		8		4		9
8	1	2	6		9			3

Sudoku 788 - Easy

	8	2	4	7	6	5	3	9
4		7	1	5			2	
	5			2	9			
3	7		9	6		4		2
2		1		8			9	5
	6		5	4		7	1	3
7	3	9	6	1	5			
5			7			8	3	
		6	2	3	4	9	5	

Sudoku 789 - Easy

5		2	8		9	4		1
7	8	1		4				
3	9	4			1	6	8	7
		5			4		7	6
8		7			6		2	
		6	2	3	7	8		9
	7		3	1		2		8
6	5	8	4	9				
2		3	7	6		9	4	5

Sudoku 790 - Easy

5	1	7	9	6	4	8	3	2
2		6		7		4	1	
		4	8		1	5	7	6
		2				3		7
	4			7	9			8
8		3			5		4	1
4	3	8	7	1		2		5
6	5		4			7		
7				5	6		8	

Sudoku 791 - Easy

3			5		8	9		
1	9	4	2	6	3		8	5
2	5	8		7	1			
9		5	8	3		4	1	7
7	8		4		2			6
4	6							8
5	1	7		2	4	8	6	
8	3		6	5		1		2
	4	2	1	8	9	5	7	

Sudoku 792 - Easy

5	9		1	7		4		6
3	1	2	5					8
	4	7	2	8				
4		5	6		1	8	9	
1	7		8	2		6		
			4	9			1	5
7	8	6		1	2	5		4
	3	4		5	6	1	8	2
2				8				

Sudoku 793 - Easy

1	2		8		3			5
3	7		1	2			4	9
	6	4		7	5			1
4		8	2		9	3		7
	1	2		6	7	5		
	3		4		8	9	1	2
5	9	3	7	8				6
2	4	6			1		9	
7	8	1	6	9			5	3

Sudoku 794 - Easy

2	5	8	9	3	1	4		6
7		9	5		6		3	8
4		6	7		8		5	
6			8		9			3
	7	3		5	4	8		
1		5			2		9	
8	6				5		2	
3	9	2			7	1		5
5	4	7				6	8	9

Sudoku 795 - Easy

7	8	2	6	5			9	
6	4	5	9			7	2	
			7				8	5
3		8	4		7	1	6	
4		9		1	6	3		8
2		1	3		5	9	4	
8	3	7			9		1	4
5		6			8	3	9	
1	9	4	8		3			6

Sudoku 796 - Easy

1	7	2		8	3	5	6	4
	8	6	5	4			1	7
	9	4		6		8	2	3
		5	6			7	3	2
7		8	3	2	5	4	9	
		3			9		8	5
		7	1	3	6	2		
		9		5	4			
4	6	1	2	9				8

Sudoku 797 - Easy

6		2	3		7		5	1
	3	8	4		1	7	2	6
4		7		5	9			
3	2	5		6	8		4	
		4	5	1	9	6	3	
			2	4				5
9			8	5	6	2	1	7
8		6			2	5	9	4
2	5	1	9		4	3	6	

Sudoku 798 - Easy

7	5	1	6	8	3	9		
2	8	9	4	7	1	5		3
	4	6	5		9	1		8
4				5	7			9
	1			9				
5		7	2		8	3		6
			5	2	6	9		
9	6	5			4		3	7
1	7		9			8		4

Sudoku 799 - Easy

		1	4				9	7
9		7	1	2				8
	4	8	3		7	1	6	5
3	9	5	8	1	4			
4	8	2	6	7	3	9	5	
7	1			5	2	3		
8	7	4					1	6
	5	3		4	1			9
1		9		6	8		4	

Sudoku 800 - Easy

	7	1					2	
	9			5	8	1		3
5		3	9	2	1	6	4	
	5	7	2	1	9	3	8	4
9				8	6	2		1
			5	3				9
7	6		3	4				
3	2	9				4	7	6
	4			9	7	5		2

Sudoku 801 - Easy

8	6	4		2	3	1	7	5
7		9	4					
5		2			8		3	9
	4	3	8	7				
6				9		2	4	3
1	9	5	3		2	8		
3	7	1	2	8	4		5	6
		8			9	7	1	
	2		5	1	7			4

Sudoku 802 - Easy

		1	3			9		2
		4		7	2			8
9	6		8	1			7	5
1	2	3	6	8	9			7
7	4	9	2	5	1	8	3	6
	8	5		3		2		
2	3	6	5	9				
4		7						3
		8	7	4	3			9

Sudoku 803 - Easy

2	1		9	3		5		4
	8		4	2	5	7		
7	5	4	1		8			
8		5	2	4	1	6		7
	2	3		7	6	9	4	5
6		7		5	9	8	2	1
4			6		2			9
9	6		5	8	3	4		
	3			9	4	1	6	

Sudoku 804 - Easy

6	5	7				2		1
3	8	4	5					7
	9	2						
	6			1		3		8
7		3	6			8	1	9
		1		7				
2	1	6	9			5	3	7
9	7	5	4	3	6	8		
4		8	7	2	1	9	6	5

Sudoku 805 - Easy

3	8	5	4		1	2	7	6
4	2	7	8	5				9
	1				7		5	4
8		6	7	4	2			1
1	7	3		8	9	5	4	
9	4		1				8	
		1	5	6	4		2	
5				1			6	
	6	8		7	3	4	1	5

Sudoku 806 - Easy

3			7		8	9	4	5
4	9		6	1	5		3	
7	2		4		9			
	8			9			5	4
	5	4		7	6		1	2
	7		5	4	2	6	8	9
6			9				7	
5	4	7	2	6	3	1	9	
			1	5			2	6

Sudoku 807 - Easy

7	4	3			6	2	5	8
				8	3	4		6
	8			2	5	9	7	3
		4	3		9	8		5
		2		4	1		6	
	7				2	3	4	1
8	9			5	4		3	
			9	3		1	8	2
3	2			1	8	5		

Sudoku 808 - Easy

	3	2		7		5	9	8
6	4		8			2	7	
	7	8	9	2	1	3		4
	6	1	4			8		
	8					7		9
	2	5	1	8	7		3	
8	9	7	5		2			3
	5	3	7		9	1		
	1	6		4				7

Sudoku 809 - Easy

5	2	3	8	4		6		
9	7	1	2	6				4
	6		5			2		3
8	4		9	5	6	3	1	
	5	6	1	2	7		4	9
2		9	4					
	9	5	3	8			2	
		4	7			9		
1	8		6	9	5		3	

Sudoku 810 - Easy

5	1	9		6		3		8
					8	9	4	2
4	2			7	9	6		
	4	6	5	9	1	8	2	7
	8	7		2	4	5		9
2				3		4	1	6
9	5			1	6		8	
7		2		8	5	1	6	4
8		1	2	4	3			

Sudoku 811 - Easy

5		7	9		4		8	2
9	3		2			6	5	4
8	4	2	5	1		3	7	
2	9		6	8	1	7	4	
	8		3	2				5
3		6			9			8
4		9	8		2	5	3	
6			7			8	9	1
7	5	8	1		3	4		

Sudoku 812 - Easy

5			1	8		3	9	7
7			9				6	5
4	3	9					1	8
6	1	2		5	9	8	7	4
3		8	7		2	6		
			6	4		1		
1	7		8	2		9		6
2	9		4		7		8	1
8	6			3	1	7		

Sudoku 813 - Easy

	2	4	5		6			1
		7		1		8		
1	5			9	2	3		4
				3	5	9		7
9		5	1			4	3	
2	3	1		7	9	5	8	
	1	2		5	3	6	7	8
7	6	3	8	4		2		
5				2	7	1		3

Sudoku 814 - Easy

	9	1		3	8		5	7
	3	2	7	4			6	
7			2			3		
	7	4	8	1	3	6		
1	6	3	5		7	8	4	
	5			6	2			
	4	8	3	7	5			6
3	2	5				4	7	
6		7	9	2	4	5	8	

Sudoku 815 - Easy

2	3	5	8	7		1		
	1				2	5		
8		9		6			2	3
4		8	9			2		7
1		3			7	4		8
6	2		4	1		9	3	5
	8	4	5	2	3	6		
5	6			8	4			2
	7	2				8		4

Sudoku 816 - Easy

2	8			4		9		
4	1	9		7	5	6		3
7		5	6	8	9			2
		8	5		7	1	6	4
	5		4					
9	6	4					2	5
6			9	1	2		4	
5	4	2			8	3		1
8	9		3	5	4	2	7	6

Sudoku 817 - Easy

	7			9	2		6	1
		5		1		8		
4	2		6		8	7	9	
	9					4	3	5
	3		9	4				2
6	5	4	2	3	1	9	8	7
		7	3	8		1	5	
		9	1	2	4	3	7	6
3	1		5		9	2	4	8

Sudoku 818 - Easy

5	1		2		3	4	9	6
6		2	5	4	1	8	3	7
3		8				2	1	5
7	6	5		3		9	8	1
1		4	6				2	
2	3			1	7			
			7	4	3	5		
	7	1		2	5	6	4	8
4		3		6			7	2

Sudoku 819 - Easy

	9	4	8		3	6		7
8		3		7	1	9	2	5
7	5			2		3		
	1		3	9	8			6
3			7		5	8		1
6	8		2				9	3
5		8			9			
	4	2		3	7	5	6	8
1	7	6	5		2		3	9

Sudoku 820 - Easy

5	4	1	3	9		7	2	6
7	3			6		9	8	1
8	6	9	2			5	4	
	8	4	7	5	6			9
		3		4			6	
6	1		8			4	7	
4				7		2		8
3			4		1			7
1				8		3	9	4

Sudoku 821 - Easy

	5			6	3	1	2	9
			1	5		4	8	7
		2	4		8			5
2		8		3	6	5	1	
3	9		5	7		8	6	2
	4		2		1			3
4	8	3	6		9	7	5	
	2	5				3	9	6
		7	3	1	5		4	8

Sudoku 822 - Easy

3		5	6	2			7	
	1	8	3	7	5	6		
7	2	6	4		1	5	8	3
8	6		9	1				
	9	1			4	8	6	7
4	5		8	6		2	9	1
			7	4		9		8
			2	8	3	4	1	6
	8		1	5	9	7	3	

Sudoku 823 - Easy

9		2	7	1	3	5		8
	6	5			8	1	4	3
	3	1	6	4	5	9		
	9	8	3		1	4	5	6
		6	8	5	2			
5	1					8	2	
	8	7	1	6		2	9	
	2		5			7	8	
1		9	2			6	3	4

Sudoku 824 - Easy

2		5	9	8	3	4		
8	3			1	4	7	9	5
1	4	9		5	6		3	
7			5	4	9	3	1	6
5	1	4	3	6		9		
9			3	1	2		5	
	8		6	9	1	5	7	
	5		4			6		
	9	7		3	5	1	4	

Sudoku 825 - Easy

			4	2	1	6		
		6	7	5	9			4
2	4	5			6	1	7	9
8	6		2		5			1
1			6	7		2		
	3	2	9	1	8			
4	2	3		6				8
6		1	8		2	4	3	
	8	9	1	3			6	2

Sudoku 826 - Easy

4			9	3		1	5	
				4		3	9	
	9	5	2		7	6	8	
	8	7		9		4	2	6
2	5	9	1	6	4		7	
			7	8				
5	4		8	2	9		6	
9	7	1	4				3	8
8	6					5	4	9

Sudoku 827 - Easy

	2	1	6	9	5	8	7	
7	6	4		1	8			
9	8	5	7		3		2	6
1				8	6	2		
8	3				4	5		1
6	4	7	5	2	1	3		9
2					7	4	1	
	7						9	8
	1	8		6	9		3	2

Sudoku 828 - Easy

3	7						4	
9	1	5	4				3	2
8			2	3	5		9	1
6	2		7		4			9
	8	9	1		3	2	5	
1	5			8				
2	6		5		7	4	1	3
4	9	7			1			8
5	3	1	8	4			2	

Sudoku 829 - Easy

	5	9	7	2		1		4
3	1		9		4			2
2	4	8	3	1	6		7	
1	9		4	6		3		
	3	6			5		2	7
8		5		9				1
	2	4	6	3		7	5	8
		8				9		
7		3	5	4	9		1	6

Sudoku 830 - Easy

7	2	1	5		8	3	4	9
	5		9	1				
	4	9	7	3	2	5	1	
5	9		1		7	6	3	2
	3	7		5	6		9	
1				3		7		5
2	8	4		7	1	9	5	
9			4	2	5	1		8
6			8	9			2	4

Sudoku 831 - Easy

4	1	6	7	8	5		3	9
		8		3	9	4	1	
3					7			
6	3		1	9		5	7	
8		1			2		6	4
5			3	6	4	8		
	8	5	6	2			4	
1	4	3	9		7	6		
2	6		8	4	1	9	5	3

Sudoku 832 - Easy

3	4	1	9			2		
2		7	3				6	
	8			7		1	3	
	3	6	8	1	7	9		2
4	2	8	6	3			7	1
1	7	9			4	6	8	
9		4	7		6	3	2	5
8		2		4	3	7	9	6
7			2				1	8

Sudoku 833 - Easy

1	6	8	4	7	9			5
	2		8			9	1	7
	9	3		5	1	8		
5	8			1	4		9	6
9		6			4			
		4	6		8		5	
6	3	7	9		2	5	8	
		9			6	7		3
	4	1	5		7			9

Sudoku 834 - Easy

2	5			8	4	1		3
	4	6		3	1	8	9	
1		3		5	9	4	2	
8	7			2		9	1	6
6			8	1	7	3	5	
5	3	1		9	6		7	8
3	1				2	6		
		8		7				2
	2	5	9				3	1

Sudoku 835 - Easy

	1	8	5	3		2	9	
		2	7		4		8	
	4		8	9	2			1
4		6		7	9	1	5	8
	2	9	3	8	1	6	4	7
		1		6	5	3	2	9
2	8	4	1			9	7	
1	6			9	2			
9						8	1	2

Sudoku 836 - Easy

1		8	2			7	6	
2				8			9	1
	6			1		5		
			9	1	2	4		
4	5		6	7	3	8	1	9
9			8	4	2		5	6
7	2						8	4
5	9	1		8	4		3	2
	3	4	1		6		7	5

Sudoku 837 - Easy

			6			1		
			7	5	4			6
6	4	9	2		1	8		
7	9		3	1		6	4	8
3	1		4	7	8	5	2	
4	5	8	9				1	7
9	7	5	8	2	3		6	1
			5	4	7	9		2
	8	4		9	6	7	5	3

Sudoku 838 - Easy

8		3						
	7		5	8	2		1	
	2			4				7
7		9		5	4		3	1
3	8		2	9	1		5	6
1		2	6	3			4	8
2	9	5		6	8	3		4
6		8		7	5		9	2
4		7		2	3	6	8	

Sudoku 839 - Easy

			2		7		4	
		5	3	1	9		8	
	2		6			1	5	7
9	8		1	2		5	7	6
7	1			5	8			4
6	5	2		7	4			9
5	4	6	7	9	1	2		8
	9	8				6		
2	3	7	5			4		1

Sudoku 840 - Easy

	4	7	2				1	
			7		6		9	4
9	6	2	4	3		8		7
4	7	9			2		8	
5	2				8	1	4	9
3	1	8			4	7	2	6
		3	1				6	8
7	8	1	9	6			3	2
	9			2			7	

Sudoku 841 - Easy

9	7			8			6	1
2	4	6			9	3	7	
8				6	4	2	9	5
			2		5		4	
		2	1	4		9	5	3
	5		6				8	
	3	1	4	7	6			9
6	9	7	8	2		5		
4	2	8	9			1	6	3

Sudoku 842 - Easy

	5	3		2	4	6		7
6	4						3	5
7		8	6	3		4	2	
5		6	4	1	2	8	9	3
	8	1				2		
2	9		3		6			
		7		5		9		6
8	3	9	7	6	1	5	4	2
			2		9			

Sudoku 843 - Easy

6	7	3	5		8		9	4
		2	3			7		
	1		7		6	5	8	3
	4	7	9		2	6		8
2				6		4		
8	3		4		1	9	2	7
7		5	6		3	8	1	2
4					5			9
3	2	8	1		9	4	6	

Sudoku 844 - Easy

	3	9	6				2	1
	6	8	2	1		4	3	9
	5	2				6	7	
		1	4	2	8	3		5
2	4			3		1	9	7
8			9				4	2
9	4	1	6	2	7			
	2	7	5	3	9		1	4
3				4	2	9		

Sudoku 845 - Easy

	4		5	1	9	8		
	9		4		2	7	3	
6	2			7	8		5	4
8	6	2	1		3			
1	5	4		8	7	2	6	3
	3				6	4		
	8		7	9		6	4	
9		5						
4	7	6	8		5	1	9	

Sudoku 846 - Easy

2					7	9		
	6	3	2	9	5			1
7	4	9	3			2	8	
1	5		4			6	7	9
4	3	7		5		1		8
9	8	6				5	3	4
6	7	4		8	1		5	
3	2	1	5		4			
5	9	8			3	4		6

Sudoku 847 - Easy

	7		2	6	9	1		5
5	8		3	7	4	2		9
6		9	1		8			
		7			1		5	
	5			2	3	6	9	1
1			5	8		4	2	
9	1	2	6			3	7	8
		5	8	1	2	9		
			9			5		2

Sudoku 848 - Easy

		9			1		8	4
2		1		8	3		9	
4		5	9	6	7		3	2
3		7		9	5			
	2	6		1	8		4	7
			7		2	5	6	3
1				7		3		6
7			1			4	8	9
	9	3	2			6	4	7

Sudoku 849 - Easy

					9		6	5
4	9		6	5		3		7
			3	7		2	9	4
		3		2		6	7	1
				1		8	2	3
2		1		3	7	5	4	
6			1	9	3	7	5	8
	5	9				4	1	6
1	7	8	5	6				

Sudoku 850 - Easy

8		9	4	7	1	3	5	6
		4	5		6		9	8
5	1	6	8			4	7	2
7		2	1			6		
	6			8			4	9
9	4	8	6		7		1	
				2			8	4
2	5	1	9	8		6	3	
	8		7					1

Sudoku 851 - Easy

	1	6	2				9	7
		2	1		9	3		6
9	7	3		5				
1	5			8				
2			6	4	1	5	7	9
4		7	3		5		2	8
3	8	4	5		7		6	
7	2	1	9	6	8			5
		5	4	1		7	8	2

Sudoku 852 - Easy

8	3		6		7	2		1
4	5	6		8	1	9	3	7
2		1		3		8	6	
6		3		7		5		8
	9	8	5					2
5				9	3	4		6
	8	4		5		1		
3		2	4	1		7		5
9	1	5	7	2		6	4	3

Sudoku 853 - Easy

	9	5	1		8			
	4		5	6	2		7	8
2		8	9		4	5		
	5		4	2	3		9	6
3		4				8	2	5
	2	1	8	5	6	7		4
5	8	2		4	7	3	1	
7		6	3	9	5	4		
4	3			8	1	6		

Sudoku 854 - Easy

		1	3	7		8		4
2	4		8				5	
8		3	2					1
	6		4		7		8	
7			9	1		5	3	
	8	9	5	3		4		2
					9	6	1	
4	1	8	6	5	2	3		7
9	7	6	1	8			4	5

Sudoku 855 - Easy

1				4	2		6	
		6		1		8	4	3
	3		6				2	1
	9	1	7	6	5			4
	5		1		4		7	
4	6	7			9	3		5
2	4	5	9	7	6		3	8
7		3	4	5		6	9	
		9	8	2	3	4		7

Sudoku 856 - Easy

9	7	6			2		4	
2		3			5	1	9	
8	1		3		4	2	7	6
7	6	4	2	1			8	5
5				6			2	
3		1	5	4			6	7
		7		3	1			
1	5		8		6			4
	3	2	4	5		8		

Sudoku 857 - Easy

7	4	5	8			1	3	6
2	8		3	7		4	9	
9	3		6		5		2	7
6	7		4			9	5	3
3	1	4			6			2
8	5			2			1	
5		8		6	4	3	7	1
1		3	5		7			9
	2		1					8

Sudoku 858 - Easy

2		9	1			8	5	4
8		4	7		5		6	
	1	5	4		2		3	
		1	6	5		4	2	7
9			3		4		8	1
5	4	2	8			3	9	6
4				1		2	7	
	5		2	4				3
	2				7	6	4	

Sudoku 859 - Easy

8	2							5
9		3	1		5		7	6
	1	6	8	7	9	4	3	2
	6		4				8	
3	8	4			2	7		1
	9	5	6		8	2		3
4	3	9	5		1	6	2	7
6		8	2	9	3		5	
	5	2	7		4		9	8

Sudoku 860 - Easy

	3			5	8	7	9	2
8	9	5			2			
7	4	2	6		3	8		1
			3	4				7
	7	6		2	9	3		5
	8	3	5		7		2	9
	2		1		6	9		4
3	6	4	9		5	2	1	8
		8				5		6

Sudoku 861 - Easy

8						2	5	
6			5	8	4	9		
5	4	9		2	1	8		
2		5	3	4	7	6	1	8
3	1	6		8	5	9		4
7	8			1		3	2	5
4		2			3	7	8	9
1	6					5		
		8				1	6	2

Sudoku 862 - Easy

3	6	5	1	2		8		4
		8	6	9			5	
			3			2	1	6
1			4	6		5	8	9
9		6		1		3		2
5	8	2	9			6	4	1
6	7		8	3		4	2	5
	2		7	5	9		6	8
8	5	1			6	9		

Sudoku 863 - Easy

6	4		7		2		1	5
5	9	7	1		4		6	8
2				5	8	4	7	
	8		5			9	3	2
			9	2	3	8	4	
3	2	9		8	6	1	5	7
9			2		1	6		
8		4	3	7		5		
1	3	2		6				4

Sudoku 864 - Easy

2		4		6			9	
8		5		9	7	4	3	
7	6	9	3			2	5	8
3	8	7		5		6	1	
			6			8	7	
1		6		8	2			3
		1	8			7		9
		3	9	2	4	5	8	1
9	2	8		7		3		

Sudoku 865 - Easy

	1	7		3	4		5	
8		5		1	2	4	6	
	9				5			7
3	7		1	9		2		5
	5	9	2					3
4		8		5	7	9		
7	4	2	8	6		5		
5		1			9	3	2	8
		3	5	2		6	7	4

Sudoku 866 - Easy

4	8		5		9	3	7	
	2				3		6	1
	3	7	1	2	4	5	9	8
		3	9		7	2		5
7				5		6	8	9
9		2	4				3	7
3	4	8			5		1	
	7	5	6	3		9	2	4
2	9		7	4		8	5	3

Sudoku 867 - Easy

			6	1	7			3
7				8	4			
6	1	4	2	9		5	7	8
2	9		8	3	6	4		
5	6						3	2
			7		5	9	8	
1		6	4	7		3	5	9
	3	5	1		9	8		7
9	7	2	3			1	6	4

Sudoku 868 - Easy

3	7					9	1	
	6	9	1	7			3	4
8		1	9		2		7	
7	9	8		4	1	3	2	6
	3			9		8		1
6			8			7	5	
	5					1	8	
1	2	6	3			4	5	
9	8	7	2		5			3

Sudoku 869 - Easy

9		6	5	3				7
		1	6	2	7			
7				1	8		6	5
	1		7	5	9	8	3	
8	7	9	1	4			5	2
5	3	4				9	7	1
	4	5	3	8				
1	9	8	2			5	4	3
	6	7		9	5	2	1	8

Sudoku 870 - Easy

5	7					8	1	3
8	2	1		3		5	4	
4		3	8	1	5		6	
2		8				3	5	1
			5					
1	5	9		8	3		7	4
		5	3	2	9	4		
		2	6	4	1	7		
6		4	5	7	8	1		2

Sudoku 871 - Easy

3	2	9			5	8	7	4
7				4	9	2	8	
								1
		3	2	9	5			
1	9	2	8	6		3	7	
4	6	5	7		3	8	9	2
	8					6	3	4
		4	9		6		2	7
2		6	4			9	5	

Sudoku 872 - Easy

			7	3	1	9		5
2	5	7	6	9	4		3	1
9	3	1			5	6	4	7
	1		4		6			8
5		3	8	7	2		1	
6	8		3	1	9	7		
			9	2	8		7	
	7		1				6	
			5	6		1		

Sudoku 873 - Easy

8	2	3		4			1	
6	1	5	8	7	9			2
				2	1	8	5	6
2		7	5	6		1	8	
	8				4	6	7	5
	4		1		7		9	3
4	3	9		1	6	5	2	8
7	6		4	5		9		1
	5	2			8		6	

Sudoku 874 - Easy

	4			1	7	8	5	
1	8			6	5	3	2	
6	5	7	8					
8	9	5	3			7		2
	7		2			4	6	5
4		2	5	7	1	9		3
		4			9			
9		6		8	2	5	4	
5	2	8	1			6		

Sudoku 875 - Easy

		6		5		9		2
7		9	6	2				5
8	5			3	4	7	6	
6	2	7	1		5			
4			3	6	2	5		7
5	3	1		9		2		6
1	7		2	8	3	6	5	
9		5	4					3
2	6	3		1	9	8		4

Sudoku 876 - Easy

4		2				5	1	
5			4	1		3	2	6
9	3		2			5	4	8
	1	8	3	9			6	5
2	4	6			8			
3		5	6	2		7		4
1	2			8				7
	7	3			2	8	5	1
8		9	1	7			3	

Sudoku 877 - Easy

4		8	2				3	6
		3		8			7	2
		2		3				5
6				7	3	2	1	
8	1		9		4		6	3
	3	7	8	6	1		5	9
7		1			6	5		
5			1	4		3	9	7
	9	4	7	5	2		8	

Sudoku 878 - Easy

	1	3	7		8	9		2
			2			1	8	
	8			4		7	5	6
4	3	5		1	2	6	7	9
7	6	1				4	2	8
	2	9	4				3	
2		4	5	3		8	6	7
1	7	6			4	3		5
			6	7			1	4

Sudoku 879 - Easy

6		9		5	3	1	4	2
2	5	4	9					
		3			8	5		9
1		8	3				9	
	4		8	9		2	1	3
3		7		2	4	6	5	8
9		5	6	7	2		8	1
8				3	1	9	7	
4				8				

Sudoku 880 - Easy

3	8		4	7			9	2
	6		1	3		8	7	4
		7	6	8			1	5
	5	8	9				3	6
	1					7		8
			2	8	1	5		
	9		3		4	5	6	7
	7		8	9	6	4	2	1
		6				9	8	3

Sudoku 881 - Easy

3	1	6	2	7				8
	5	9	3	6	8	1	2	
		7	9	4	1			5
				3	5	6		
		5		8	6		7	2
	4				7	3	8	1
	8	3				1	9	
5		1			2	8	4	
7	6	4	8	1		2	5	3

Sudoku 882 - Easy

	8			7	2			1
	6	9		1			7	8
1	7		6			4	2	9
	2				8		4	9
9	1		2	4	6		5	3
5	4	7	1	3	9	8		6
	9	1	3			5		
7	5	6		9		3		
		4			5		1	7

Sudoku 883 - Easy

4				8	6	2	1	9
2	8			9		4	7	3
9	1	7	4		2			5
1			6	7	9			
6	9	8			3	5		
	7	4	2					6
		3	8	1	5	9		2
8	6	9	3	2		7		1
5			9	6	7	3	4	8

Sudoku 884 - Easy

5	6			4	3	9	1	
	2	4	1			8	5	
		7	5			4	3	2
4		2	7	9	6			
		6	4	8		7		5
8	7		3	2	5	6	4	9
2		5		1		3		4
7	1	3	6	5	4	2		8
	4	9			2	5		1

Sudoku 885 - Easy

8	3	4	5	6	1			
2		1		7	9			8
	7			2	8	4	1	5
3	4	5		8		2		1
		6	9		5		7	
9	8		2	1	3	6		
4	9			5	6		3	2
5	6		1	3	4	9	8	7
7	1	3				5		

Sudoku 886 - Easy

	7	1	9	5		2	6	4
	3	5		6		8	7	9
9		6	4	7	8	3	5	1
6			2	3				
3			7			4		6
	6	3	8	9		7	4	5
7	5				6	1	9	8
	8		5	4		6	3	2

Sudoku 887 - Easy

			7	6		9	3	2
		7	9	4			1	
2	9	6	8	3		4	5	
			3	5	9	2	6	
	5	3	1			7	8	9
	2		6			7	3	
9	7	5				8	6	2
8	6		5	9		1	7	
3	1	4			6	5	9	8

Sudoku 888 - Easy

2	4					9	5	
	1		2		5		4	
9	5	8		4	3	6	1	2
	6	4		7	8	1		
3			5	2				7
7			2	1	6	9		5
1	3	6	9			5	7	4
4	2			5		3	8	1
			4	3	1	2	9	6

Sudoku 889 - Easy

	8						1	
4	1	2	8	5		6	7	
3		5	7				4	9
1	3	8	2	9	4	7		6
5	4			7	8		9	
9		7	3	6	5		8	
2		4	5	3		9	6	
		1		2	6	5	3	7
	5	3		8				1

Sudoku 890 - Easy

4		7	5	8	3	1	6	9
6		8	2	9	1	5	7	
1		5	7	6	4	2	8	3
9	4	2	1	7				
		6	4	5	2		1	
5	7	1				8		2
2			8	1	7	4	9	
	9	3		6	7			1
	4			5		3		

Sudoku 891 - Easy

2	4		6		5			7
5	6	9	7	3			4	2
	7		2		4		8	5
6		7	1	8			9	3
8				7	6		5	1
				5	3			
4	8	6	5	2	7	3		9
	2	5			1			8
	1	3	8		9	5	2	

Sudoku 892 - Easy

	8	9	5			7	3	
1	7		2	3	8	5		
3		5	9	1	7	8	4	
7		8	3		4		2	
	5	6		7		3		4
4	3		1			9	6	
6		3			5		9	
5	9	1	7	2	3	4	8	6
8		7	6			2		

Sudoku 893 - Easy

8	3	7	6					
2	1	9		8	5		6	4
	6	5	3	2		8		1
	5	6	1		7			
1	4		5			6		
7			4	6	9	1		
5		1	6	3	7	4		
3	7	2	4	5	8	1		6
6	8		9	7			5	3

Sudoku 894 - Easy

4			8	2	7	9		
		7	6	5	1			
1	5			3	9	6	7	
		1		6	2	8		
8	9	5			4	1	2	6
2		6	9	1		3	5	
6	7	4	1	8				3
5			2	9	3	7	6	4
	2		7		6	5	8	1

Sudoku 895 - Easy

1	8	9	2	6	3	7	4	
		6	5		4			
4	5							6
					8	6	9	3
3	9	7		4	2	1	5	
			3		9	2	7	
9		8		3	5	4	6	7
5	7	3	4	9	6	8	1	
6	4			2	7		3	9

Sudoku 896 - Easy

	4	5				1	3	
8	1			4	2	9		7
2		6	1	7		5	8	
	5	7	4	6		2		
4	6		7	3	9	8		
				1				
5	3	4	9	1		6	2	
	2	1	3	8		4	7	
	7	8	6		4	3	1	

Sudoku 897 - Easy

7	9	4		2	1	5	3	8
3		2		4	5		1	6
6	5	1		3		2		
1	7		3	8		6		
5		3		7		1	8	
4	2	8	5			3	9	7
8			1	6	7	4	2	9
9	4	7				8		1
	1			9	8			3

Sudoku 898 - Easy

2	5	4	6			8	3	
	1	8	4	7		6	9	
7					1			
	8	7	2	6			4	5
4		6	7	5			1	
9		5		8	4	7		3
8	4					5		
5		3		1	7		2	6
6		1	5	4		8	3	

Sudoku 899 - Easy

	4	6	8			3	5	7
		8		3		6		4
7		3		6	9	1		2
			6	4	2		3	8
3		2		5	8	4	7	9
4		5	9		3	2	1	6
	3	1	2			7	4	5
		4	7	1	5	8	2	
5	2	7				9		1

Sudoku 900 - Easy

7	1	3		4	8	6	2	9
6	8				2			4
4		5	9	6	1		7	3
3			6	1			5	8
1			4	8				2
			3	2	7			6
8						9	4	5
					4	3	6	1
	6	4		5	3	2		7

Sudoku 901 - Easy

3				8	7		1	
8		2		5			7	3
7	9	4	2	1		8	5	6
		6			8			7
1		8		3	6	5	9	4
9			5	4	1			
4	5	9			2		6	8
	7	3	8	6	5	9		1
6	8	1		9	4	7	2	5

Sudoku 902 - Easy

		4		2	7	1	3	9
2	1			6	8		7	
5	3	7	1		9			2
4		8	7	5	2		1	
1			4	9	6		2	5
		5	8		3	7		6
			9	3	5			
	5	2		7				8
7			2	8	4		5	1

Sudoku 903 - Easy

1	2	4	7	5		8		3
5			9	8		2	1	4
8		9	1	2	4		6	
3	8		2	7	5		4	
6			4				8	2
9	4	2				3	7	
2	5	6		4		7	3	
	1	3	5		7	6	2	
7	9		3		2		5	1

Sudoku 904 - Easy

6		8	4					5
2			6			8	7	1
5		7			2	9	4	
4		2	7		6			8
1	7	9	3	5	8	4		2
	6	3		2		5	9	
9				1	3			4
7	4	1	9	8		6	2	3
3		5	6			1		

Sudoku 905 - Easy

8	5	6		4			2	
		2	6	3	5	7	8	
9	3	7	8	2		4	6	5
7	9	5	2	8	3	6	1	
	2	1				3	9	8
3	8	4		9				
	7	9	5	6	4			1
5	6	3		1		2		
	4		3		2		5	

Sudoku 906 - Easy

	5	2	6	1			9	3
	9	7	2	8	3	5	4	1
3		4		9	7		8	6
7	3			4		8	5	
			7	5	6	3	1	2
5	2	1	9	3				
1	6	3	8				7	4
4		9			1	6		5
2			6	9	1	3		

Sudoku 907 - Easy

4	2		1	3	6	8		
	8		4	9		1		
9	1				2		4	3
	5	3	9	4			7	2
			7	3	9			1
6	7	9	5	2	1	3		4
2			3	8		5	1	
5						2	6	9
7	9			6	5	4	3	

Sudoku 908 - Easy

2	8		7	5			4	
		3	8		9	7	5	
			3		2		1	
3		7	9	8	4	1	6	5
9	6		1	2	5		7	3
	1	4	6	3		2		8
8	5				3	9		1
4	3		2	6	1	5		
1			5					4

Sudoku 909 - Easy

9			6	7	4			3
3	2	4			1			
7		8	2					
5	8	7	1	6	3	9	2	4
1		2	4			7	3	6
6	4	3	7	2		1	5	8
	3		8		7	6		
8		6		1		3	4	
2	1			4	6		7	5

Sudoku 910 - Easy

	8	2		9	5	4	7	
9	4	1	3			8	2	5
6	7		2					9
		6	9				4	8
		9			7		6	
7		8	4	6	2	5	9	1
	6	3				9		7
8	5	4	7	2	9			3
	9	7	6		8			

Sudoku 911 - Easy

		4		3	6		9	7
5	6		7				2	3
7	3		4	2				
6	4	8			3	9	1	
2		3	9	1	4	6		8
	9	7	6	5	8	3	4	2
3		6		4		2		9
	8	2			7	1		
4			8			7	3	6

Sudoku 912 - Easy

	7	1	5		8			3
		9		1	3	2	7	
	4	3	7			6		5
4		5	8	3	6	1		7
6						5	9	
	2		9	4			8	6
	5	4		2			3	1
	8		1	5		7	9	2
7	1		3			9	5	

Sudoku 913 - Easy

6		9		3		1		8
8			6		1	4	9	5
			8	9	4		6	2
4	9		5	6		7		3
2	1	7	3		9	5		6
	3			4	7	2		9
			7	2		6	5	1
		1						7
	5		9		6		3	4

Sudoku 914 - Easy

2	4		8	9		5	6	
		7		2		8	1	
1			5	7		2	3	
8		4	2	7		3		
7		2	4		5	6		8
	5		9	1	8	4		
6	3			4	9			5
4		5	1			9	8	
		1	5	8	3		4	6

Sudoku 915 - Easy

	4		6				9	1
		1	3	8				4
8	6		2	4	1	3	7	5
6	7		1		3	4	5	9
4	3	5			6	1		
1	9	2	5		4	6		8
5					2	9		
3	8	6		1	5		4	
			7	3		5		6

Sudoku 916 - Easy

3	4	5			1	8	2	
	8	9	2	4	5		1	
1		7		8			5	
	1			3	9	6	4	2
	3		8	1	2		9	
		2	4	6	7	1		8
		3	1	7			8	5
	5	1	6					4
2	7	4		5	8			1

Sudoku 917 - Easy

2	1		9	3	6	8	7	
7	8	9	4			3	1	6
6			1	8	7			2
4	6	2				7		
1				4			6	
9			6	1	3	4	2	8
		4	2	6	8		9	5
	9			7	1		4	3
		2	1	3		9	8	7

Sudoku 918 - Easy

1	9	6			8	5	7	2
4	3	7					6	8
2	8			1	7	4		3
9		2		8			4	
	5	4		6	2	3	8	
	1			9	4	6	2	
	4			7	9	2	5	6
5	2		3	4	6	8	1	7
6	7	8						4

Sudoku 919 - Easy

		2	8					1
5	6	8	1	4	9			
	4	9		3				5
3		1	9	5		2		6
9	2	7	6	8	1	3	5	4
6	5	4	2			1		9
	1	3	5		7	6		2
	7		4	1	6	9	3	8
	9		3		8			

Sudoku 920 - Easy

		1	6	3	9		4	5
		1				7	9	6
9	6	4		5	7	1	3	
7	8	6	3	4	2			
	4		5	6	8	2	7	3
5		2	9	7				4
	2	7		1	3			
3				8	6	4		1
4	1	8		9	5	3		7

Sudoku 921 - Easy

6	8	4	3	2	5		1	7
9	5		1	6	4	2	3	
	3		8		7	6		4
4	2				5	9	3	
	9	8	6		3	1	4	2
		3	2		9	8	7	6
			5		6		8	
		5	4	7		3	2	
		7	1	9	8			

Sudoku 922 - Easy

3	1	7	8	4	9		6	
2	6		5	3			9	8
8		5		6	2		1	3
4	8			2	7	6		
7			4			3	8	
6	2		3		5			4
	7	8	2			5	3	6
		6	9	7			2	
1	3		6					7

Sudoku 923 - Easy

	8	9	7		5	1		4
5	7	1		4	2	6		8
4	2	3	6	1			9	7
	4			7	1		8	
2		7		8		3		
9	1	8			6	4	7	5
		4	2				6	1
		2	8		4	7	5	3
7	9		1			8		2

Sudoku 924 - Easy

8	2		3	4		6	9	
	4		9	8	1			3
3		1	7	2		5	4	8
					1		3	6
9	1	6	2	3			5	7
7				6	9	8	1	2
	7	2			3			4
	6		1	5	2	3	7	
1		9	8		4		6	5

Sudoku 925 - Easy

7						9	1	8
9	6				1			3
1			3	7	2	4	6	
3	7	4		9	6	8		5
8	1	5		2			9	7
6	2	9			8	1	3	4
	8		5	2	3	7	9	
	9	7	8					2
	3		7			8		

Sudoku 926 - Easy

9		3		2	4			7
1			3			2	6	9
5		2		9	4			
6	2	8		3		5	1	4
4	1	9		2	6	3		8
		7	8		1	6	9	2
8	3	5		6	7		4	
2	4	6			8	7	3	5
7	9	1	4			8		

Sudoku 927 - Easy

1	7	5	4			6	3	8
2			3	1	6	5	9	7
			7		5			4
4	1	8			3			
6	2		5			3		
7	5	3	1	2			4	
3	6			5			2	
			2	3	1		6	5
	4	2		6	7		8	3

Sudoku 928 - Easy

4	3	6			9			1
2	9	5	6	8	1	4	3	
		5				9	6	2
		1	3		8	6		4
	8	4				7		3
3	5			6		8	1	
5	6		1	4		2	7	
7	2	3					4	
1	4	8	7		6	3	9	5

Sudoku 929 - Easy

7		1				3		
	4	9		5		7	1	
		3	7			2	4	5
3			6	1		4	7	9
4	7	6	8				5	
1	9	5	4	7	3	8	6	2
6			8	7			3	1
9	3	8			5	6	2	7
5			2	3	6	9	8	4

Sudoku 930 - Easy

	7		4	9	1	3	5	
1	5	9	7		6	2		8
6	3			2			1	
	9		3		4	6	2	1
		2						
		6		7		4	3	5
4	6	3	8	1	7			2
7			6	4		1		3
9	8	1				3	7	4

Sudoku 931 - Easy

	1	6		5		7	3	
5	4	2			1		8	6
7	9		6		8	1		
9		7			5		1	3
			1	6	3	2	7	
	3	1			9	8		5
		8	3	2	4		9	1
1		4		9		3		7
	2	9	5		7	6		8

Sudoku 932 - Easy

7	2	5		8				1
	4	9		1		6		3
	3		4	9	7	8	5	2
3	8	4	6		9	2		
2	6	7	1		8	3	9	5
5			7					8
6	1		9	7		5		4
4		3			1	7	2	
	7		5	2	4	1	3	6

Sudoku 933 - Easy

6	1	3	9	8	7			
9		5	3			1	7	
			1	5	6	8		9
1	9	4		3	2	7	8	5
5	6	8	4					
2				9	5	4	6	1
3	5	9						
	4		5	6		9	2	
	2	6		1			4	

Sudoku 934 - Easy

	9	5	2		6		8	4
2								
			5	9	3			
8	3	9	5	2	7	4		1
1		6	4		3		5	
5	7	4		1	8	2	9	3
9	8	2		4	5		1	
	5		8	6	1		4	
	1			7	2		3	

Sudoku 935 - Easy

2				8	4	3	5	
9	8	3	6	7		2	4	
4	5			3	1	9	7	
	9	4	1			8	2	5
6			3	2	8			9
	2				9		3	
1	6		7		2		8	
5	3	2		1		7		
7			5	9	3		6	2

Sudoku 936 - Easy

5	3					9	6	
	6	4		2		5	7	8
8	7	9	1	5	6	3		2
	1			3	4	7	2	
3	4	8	2			1		6
2				9			3	4
					8	6	1	
6	9	3				2	8	7
	8	1	3	6		4	5	

Sudoku 937 - Easy

	5	8		6	7	1	2	4
9		1				7		6
6	2	7	8	4	1	5	3	
		9		1	4	6	5	2
4		2			5			7
1	6	5		7		9	4	3
		3	1	8	2		6	
			7	3	6	2		
2		6	4		9	3		8

Sudoku 938 - Easy

	6	5					7	
		8			2	6	1	5
2		7		6		8	3	4
	7	9		2	4	3		
	2	6			3	4	9	
	1	4					5	
9	5	2	6		7	1	8	3
	8		2		1		4	7
7	4	1	3	8		5		

Sudoku 939 - Easy

2	4	6		9	7	3		
		5		8	1	2	6	
	1	5	2	6		4	7	9
	3		4	7	5	2	6	1
4								3
	6	1	9		2	7	4	
1	8			5				
6	7	4	3	8	1	5	9	2
	5	9	6	2	4	8		

Sudoku 940 - Easy

5	4				2	8	6	7
6	1		7	5	8	4	9	
7			6					1
9	5		3	4	7			2
1	7			2		3		4
2				6		5	7	
			8	6			4	5
8		5	4		3	1	2	6
4	6	1	2	9	5	7	3	8

Sudoku 941 - Easy

1	2				9			
8	3	9	4		5	1		6
4	5	6	9				2	8
6	1	3	2		8	7		
9	7	4	3		6		1	
	8	5	1		4			
	6	8	5	9	4			1
			6	8	2			7
		2				6	8	4

Sudoku 942 - Easy

			1			9	4	2
	1	5	6		9	7		8
3			2		8			1
6	4	9	3	1			2	
5	7	8		2	4			3
1	3	2			6		7	9
	6		8	3			1	
8			4	6	1	2	9	7
4		1		9				6

Sudoku 943 - Easy

		3	5			1	7	6
7	5		2	6				
4	1	6			8	9		2
			8	7	2	4	1	6
8		7				3	2	9
1	6		3		9		7	8
9		8		1	7	2	4	5
5	2	1	4	8	3			7
6	7	4	9			1		3

Sudoku 944 - Easy

8		9	2	1		5	4	
3					6		7	2
6	1	2	4	7	5	8		
1	8	5				3		7
	3			2	7	4		
	2	7	8			9		5
	8			6	4		5	
	4		7			8	3	9
5	6	3		9	2		8	4

Sudoku 945 - Easy

	2	6		8			4	
		4	3	6	2	8	1	
8	1	5			7	6	3	
4	9			3				
1		8						
5	6				4	1		3
2		1	9	7		3	8	4
7	4		5	1		2		9
6	8	9	2		3	5	7	1

Sudoku 946 - Easy

8		5			1	4	6	
	6	9	5	3		1	8	2
			6	8	2	7	5	9
5		6	1	2	8	3	9	
9			4	5				
		3		7	6	8	4	
	5	4		1		2	7	6
6	7	2	3	4	5	9	1	
	9		2	6	7	5		

Sudoku 947 - Easy

		6		8	7	3	5	2
7	5				2	8	4	
8	9	2			5	6	1	
6	3	5		9	4	2	7	8
	7		3	2	8	1		5
2	1				6			
9				4	3	7	2	
	6	4	2			5	8	1
5	2	7		6	1			4

Sudoku 948 - Easy

1		2	7			3	8	
8			5	3		2	9	4
		4		8			5	
5	1	3			7	4		8
2	8	7	3	4	5	6		9
4		9				5	3	7
6	2		4			8	7	
	9	5		7	6			
7	4	8		2	3			

Sudoku 949 - Easy

3	7		2		6	9		4
1	6			8	9	2	3	5
	9		3	1	4	7	6	8
9	4		1		5	3	8	2
			4			1		6
		6	8		3	4	5	7
7	2		5				4	9
4	8						7	
6	5							1

Sudoku 950 - Easy

		2			3	8		4
3	5		2		4	9	6	
	9	4	8		5		2	3
		5	1	2				6
6	4	3		9		2		
2	8		4	3				
5	1	6		8	2	3		9
4				5	9	1		2
8	2			4	1	6		

Sudoku 951 - Easy

8			5	4	2			6
4		6	1	7	8	3		
7	5	1		6		4		2
2	6	8		1	5		4	3
3	7	4	2			1	6	5
	1	5	6			8	2	
	3	7			1			
1		9	3		6	5	7	
	4	2				6	3	1

Sudoku 952 - Easy

4	8			1		7		6
5		3	4		7		1	
	7	1	5			4	8	3
	3		2	4		9		
1	9	8		5		3	4	
6	2	4	9			1		5
8	1		6			5	2	4
	5	9		7	4	6	3	1
3	4	6			5			7

Sudoku 953 - Easy

	5		2		6	7	4	8
6	8		5		7	1		9
4			9	8	1			2
1		7		2		5		6
	2	9	4	6	5			7
8		5	1	7		3		4
5	3			9		2	6	1
	9		3	1				5
	1	4		5		9	7	3

Sudoku 954 - Easy

3	9			1	5	7		2
1		8	2	4	9	3	6	
5		2		3	8	9		1
8	5			6			2	9
	4	3	8	2		6	5	7
	2			5	4			3
4	8		1		3	2	9	6
	3		5		2		7	
	1		4	9	6	5		

Sudoku 955 - Easy

	9	5		1	6			4
7	4		3	9	8			
	6			5		9	3	7
9	8	7		2				3
							6	8
6	1	4			3	7	2	9
8		6			5		9	2
2	5	1	4	3	9	8		6
	7	9	8	6	2		1	5

Sudoku 956 - Easy

	5	2		4			3	8
	8	7	2	5	6	9		
		4	3				7	
	7	6	9		8		5	
5		3	7	6		2	8	4
8	2		5			7		
2	6			9	5	3		7
	4		6	1	3	8		9
1	3	9	8				6	5

Sudoku 957 - Easy

3	9		4	7		2	6	8
7		4	1	6		3	5	
8			2					7
6	4	9			3		2	1
		2	9		7		3	5
		7	6		2		8	
4	6			8		5	9	2
9		8			6		1	3
2	1		3	9	4			

Sudoku 958 - Easy

	2	4		3	6			9
			4	2				5
	1	3		9		2	4	6
8	4		9	5	2	7		3
2	3		6	8	7	4		
6		9		1				
3	6		5	4	9	8	1	
		2	1	6	8	9	3	7
		9	8	2	7	3	6	5

Sudoku 959 - Easy

2	7	5	9	3	4	1	6	
3	6	1	8	7	5	4		9
9		4	2		1		5	7
8	5			9		7	4	
	3	9	5				8	
7				8	6	9	3	5
4			6			2	9	3
	2	3		1	9			6
		8	7	2		5		4

Sudoku 960 - Easy

6	2	3		5		8		
	1	5	6	7	8		2	4
8	7	4	2	3		9		5
4			8		3	7	5	
	9		7		5	6	3	1
5	3	7	1	6		4	9	
	4	9		1		2	8	
	5			6				3
1	8			2	4		7	

Sudoku 961 - Easy

	3	9	7		2	5		1
		2	1	5		3		8
4					8			
		3	8		1	9	7	6
2	8	6		9		1		4
1		7	5		6	8		2
7	5		4		9		2	3
9	6	1			3		8	5
	2	4	6			7		

Sudoku 962 - Easy

5		3	8	9		2		
	1	8	6	4		7		9
9				2		3		4
		7	5	1	8		4	2
8		5			4		7	
1	2	4			9		3	
	3	9			2	6	1	
4			9	7	6	5	2	3
6	5	2	3	8		4		7

Sudoku 963 - Easy

2	5	3	9		4	1		7
6	9	1		7				4
				6			2	3
	4		7		8	6	5	
5	1	8	3		2		4	
	7			4	1		3	2
1		9	4		5		7	
		4	6	1	7		9	5
		5		2	9		1	6

Sudoku 964 - Easy

6	4	3		7	9		1	
7	2					4	6	
5		1			2	7	8	3
2		9	5	8	7	6		
			9	2	3	8	5	1
	3				4			2
1	5	2	7				9	
9	8		3	5				
3		6	2	9	1	5		

Sudoku 965 - Easy

9			2	5			6	3
	3		8	6	1	9	7	4
1		4	3	7	9	5	2	
7	1	2	4	9				6
5	9			8	3	2	4	1
8	4					7	5	9
			9		2	8		
	2	8		1		4	9	
	7	9						

Sudoku 966 - Easy

4			6		1	7	5	9
		8	5		3	2	6	
6		5	9	2	7	3	8	
	2	9	7	1	4		3	5
	6	3	2	9		4		
1	4		3		6		2	8
3		4			2			
2	8		4	6		5	7	
	9	6	8		5		4	2

Sudoku 967 - Easy

		9	7	5	1	2		6
	7			3	6	8	5	9
6	3	5	9	2	8		7	4
1	8	6				3	9	
4	5			9	7			2
			1	3	4	8		
	6		1		9		2	
3	9	8		6	2	7		1
	1	2			4		6	8

Sudoku 968 - Easy

9	1	2		5			6	7
7	3	6	4				2	5
2		5		8		3		
3	1	8				4		
5		7		6		1		
9	2		3	1	4		5	
	8	2	4	9		5		
6		9	8	7	3	2	4	
	3	4		5	2			9

Sudoku 969 - Easy

	6	2	1		8	4		
	5	4		3	6	2	1	9
3			4				6	7
2	3	5	8	7	1		9	4
		8				7	3	
9	4	7			5	1	2	8
		9	6		3			
	8	3		2	7	9	4	
5	7		9		4		8	2

Sudoku 970 - Easy

	5	2	1	9	4		8	7
4				3	2		6	1
1	3			7	5		9	4
		4	9	2				6
	2					9	4	
9	6	5					1	
7	9	3		5	1	6	2	8
2	8							5
5			2	8	7	1		9

Sudoku 971 - Easy

8	1	6	7	4		2		
7	3	9	5	6		1	4	8
		4			9			3
6			9	5	4	3	2	
	4		1	8	6	7	9	
5		1			7	8	6	
	6		4		8	5	1	2
		3			5		8	7
		5	2		1		3	

Sudoku 972 - Easy

	3			7	1	5		6
1	5	8			6	2	7	3
	2	7	5				1	
2				6	9	3	4	
3	7	9	8		5			2
8	4		1	2	3	7	9	5
7			6	1	2			4
4		2	9	5		6		1
5	6	1	3		4			

Sudoku 973 - Easy

8	3		2		6	5	9	1
9	4	6	3			7	2	8
		1				3	4	6
5		2	8				1	9
1		4	5				6	3
		9	4		1	8	7	
7	1	3		8	2	6	5	4
		8	6	5				
	2	5	1		4	9		7

Sudoku 974 - Easy

	2	3	5	1				4
	4	3	6	7				2
		9	2		6	7	3	
	2					9	1	7
		2				3	4	
3	9	1	5	4		2		6
	5	4	1	8	3	7		9
	6							
1	7	9	4	6	2	5	3	8

Sudoku 975 - Easy

4		9	1		6	5	3	
2	3	7	8		5		4	6
	1		3			9	8	2
3		4	5		2		7	
		1	6	8	4		9	5
1	4	2	9	5	8	7	6	
9	6	5	2	7	3	8		
8		3	4	6		2	5	9

Sudoku 976 - Easy

	4	6		9	7		3	1
2		3			1	7		
		9		8	5	6		
3		8	9	4	6	2	1	7
	2		5					
	9	7			8	5	6	3
8	6		7		4	1	5	9
9	3	5	8	1	2		7	
1						3	8	

Sudoku 977 - Easy

2	8		7		6	4	5	1
1				3			9	6
	6	9	8	1	4	7		2
9		1	3	4		2		8
6	5		1		7			9
4			2	6	9		1	7
7			6		3			
	2	6		5		9		
3	1	5	9					

Sudoku 978 - Easy

4	7	1	5	9	8		2	
6	5		2	1	7			
	2	9	4	6				5
	1	2	8			6		
3	6		1					9
9	4	5	6		2	1	7	8
	3				1		6	2
1	8		3				9	
	9	6	7	4		8	3	

Sudoku 979 - Easy

5	7	2	3	1		9	6	8
4	6	9		5	7	1		2
	3	1		6		5		7
7			9	1	2			3
6	9	8			3	7	1	4
2	1		7	4				9
3	8	6		7	2			
	5	7	4			8	2	1
	2			8				

Sudoku 980 - Easy

	6	4	9	1	5	3	2	7
3	1							
	2	7		3		9	1	6
			8		4			
7		3	5	9			6	8
6	8	1		7	3			2
4	7			5	1	6		9
1	3		6	2	9	7	4	
	5	6		4	8	2	3	1

Sudoku 981 - Easy

	7	4	1	8				2
	8	5		7	6	3	9	1
9	6		2	5			8	
	4	7		9	2	5	6	
6		2			1	8		9
8	3		5	6			1	4
7	1	8		3	4		2	
5		3		1	8	7		
4		6	7	2	5			

Sudoku 982 - Easy

2	9	4	1	8			5	3
5	8		2		3	7	9	4
6	7	3	4			1		
	6	5		1	4		7	
8	1			6			3	
			5	2	9			
3	5	8	7	4	1		6	
1			5			3		7
	2		6	3	8	5		1

Sudoku 983 - Easy

3	5		1	9	7		2	
				2			5	
9	4			5	6	7		3
			7	3	4	8	9	6
	3		9	8	1	2	7	5
7	8	9				3	4	1
8	1	3	5	2				7
2		7	4			5	8	9
4	9	5		7			3	2

Sudoku 984 - Easy

6	3			7		1	2	5
5		8		9		6		
2	1	4	5			9	8	7
8			9		5			1
4	9	1	6	3	7	8	5	
7				1	2	4	6	9
								6
1				5		2	9	
9		5	1	2	6		7	

Sudoku 985 - Easy

9		4		6	2	1	3	8
		2				6	7	4
6	8		7		1	9	5	2
	3	9		7	8	5	2	1
8	1			3		7		6
2	6			9	5	4		
7	2		4				6	
	4			2		3	1	7
	9	6			7	2	4	5

Sudoku 986 - Easy

7				8	3	2		4
5	9	4	1	7	2		3	
	3					1	5	
1	5	6	7	3	4			
3	7		9	2		6		
2	4		8	6	5	7		
6	1	3	2	5			7	9
4	2			1	9	5	6	
9	8		6	4		3	2	1

Sudoku 987 - Easy

2	7	6	4	8	5	9		1
1		9		2		5	8	
		8			9	2		6
3	9		2			6	5	
6			3	9	7	1	4	
	4	7	5	6	1	3	2	9
	1	2	6	5	4	8	9	3
9	6	3	8	7				
	8					7	6	

Sudoku 988 - Easy

8		2			9		7	3
4	3			8			1	
5			2	1		6		4
	9				1	2		6
		1		5		8	9	7
7	6	5		9	2	3		1
9	8	3	1		4		6	5
6	5		7	3		1	2	
1	2	7	9					8

Sudoku 989 - Easy

1			5	7	4		2	9
	8	5	1		3	4		7
	7	4	9			1		5
	2	9				3		6
8			2	5	6	9	7	
5		6	3	9		2	8	
3	1	8	6		5	7		
	9	7			2	5	4	3
	5	2		3	9	6	1	

Sudoku 990 - Easy

9		4	7	2	3	8		1
	1	6	4	9	8	7		5
8		7		1	5			2
	2		5			3		
		8		4	9	2	5	7
5	4			7			8	
			2			4	7	
1	7	3	9		4		2	8
		2	8	5	7			3

Sudoku 991 - Easy

	1	5	6	2	3			
	4	2	8	1	7	5	6	
7	6	3	4			5	8	
6	7		3				5	
5	8			7	2		9	6
		9	5	4				
	5	8	7	6			1	2
4		7			1	6		
	2	6	9		8		7	5

Sudoku 992 - Easy

6	3		4	7	2	5		9
2	8		6	9		3	1	
		5	8	1	3		7	
	5			4		6	9	7
	4	1		9			5	3
	9	8	5	6	7	4	2	
1	3			5		9	6	
		2		6		1	3	5
	2	6		3		7	4	8

Sudoku 993 - Easy

6	4	1	8	7		2	3	
2	8	3	6			4	9	
		7	9	2	3		6	8
8							7	2
7				4		9		6
	1	6		2		8		4
4		5	3	9	7	6	8	
	6			5	2		4	9
1	9				6	5	2	3

Sudoku 994 - Easy

8			1	4	6		2	
			7	3	8	9	1	
1	7		9				8	3
			5		3	1	7	2
9	3			2	7	5	6	8
2	5	7	6	8		3		
7		5	8	1	4		3	
3	8		2	7	5		4	
			3	6			5	7

Sudoku 995 - Easy

	7	8	9		6		1	
	9		4	8	1	7		2
6	4		2				8	5
4	6	2		9	5	8		
7	3						2	6
1			7		2			9
8	2	6	5		4	1		7
9	5	4	6	1			3	
	1	7		2		6		4

Sudoku 996 - Easy

2		5		9	8	1		
9		1		5				7
	6	3			1	5	8	9
	4	2	6	1	7	3		
	9		2	4	5	8	1	6
		6	8	3	9	7		
6			1	7	4		3	2
7	3		9		2			1
	2	9	5		3	4		8

Sudoku 997 - Easy

	6			9	4	5	3	2
	7	5	2	3	6	1		8
2	3				8			7
			6	3		8	2	
		3	9	8	1	4		5
1		8	4	5	2			
		6		4	9	2		
3	8		2		5	7	6	9
	5			7		1	8	4

Sudoku 998 - Easy

4	2			7	3	6		
6	8	3			5	7		
		7		1			8	
3	7			5	6	2	1	8
1	4	8			9		6	
2	6			8		9	7	4
7		2			4	8	9	6
	5		2	6	8		3	7
	3				7	5	4	

Sudoku 999 - Easy

	5		2	4	6	9	7	8
9	8	4	7		1		6	2
		6		9				5
5	3	9		7		8	4	1
4	7	1		8		2		6
8		2		1	4	7		9
	4		5			1		
3	9	8	1		7	5		
	1		4			6	8	7

Sudoku 1000 - Easy

6	9	7	1			8		
	1		9		8		3	7
		5		6	7	1	4	
3		1	4	7	9	5	2	8
9	5	8	6	3		7	1	
2	7		8	1	5	9	6	
1	8	3		9	4			6
	2			8	1		9	
5		9	7	2			8	

Sudoku 1001 - Easy

3		2	8		6	5		
		6		9				2
			2	4	7			6
	7	4			9	2	1	
8	6	1		2	3	7	5	
9		3	7	5	1		6	8
2	9	5	1				7	4
	3	8		7	4		2	1
		7	9	3				

Sudoku 1002 - Easy

8	4	7		1		9	2	
		2			4			
5		6	2	9	8			
4	5	3	1					7
	8	1	4	5	9	2	3	6
2	6		3	8		5		1
	7	4	5	2		3		
	1	5		4		7	6	2
	2	8	9	7	6			5

Sudoku 1003 - Easy

	9		1	8		6	5	3
		8	3	5		7	1	
3			6	9	7	4		
		7			8		6	5
8	3		4	6	1	2		7
				2	5			4
	6	4	8	7	3	9	2	
1	8	3	2	4	9	5		
2		9		1		3	4	8

Sudoku 1004 - Easy

	8	4	9		3	7		5
7	3	1	6		8	2	4	
			1	7	4	6	8	
3	4			7				
2	1	7		9				4
		9	4	3			7	
	2	6	7	4	5	3		1
1	7		3	8	9	4	6	
	9			6				

Sudoku 1005 - Easy

4	6	2				9		
	5		2	6		7		
3	1		8	5			6	2
	7	1	6	8	2		5	4
			4				8	1
5	8		3	9	1			7
2	3	5	9	4	8	1	7	6
7	9	8					4	
1	4		5		7	8		

Sudoku 1006 - Easy

		4		6	3		2	9
6	7	2		1	9		4	3
9	1		2	8	4		7	
3	5	8	1		2		6	4
2		7	8	4	5	9	3	
1					7			8
	3	5	9	2	8	6	1	
7	9	1			6			2
	2				1	4	9	

Sudoku 1007 - Easy

8		5	3		4		2	7
	7	2	6		5		9	
	3	1	2	8	7		6	5
2	9				1	6	8	
1		6				3	5	
5	8	3	9			2	7	1
6	1		7		9			8
7	2	8	4				1	6
3		9		6	8			2

Sudoku 1008 - Easy

9	2			7		5	1	
	1			3		7	2	8
7		4					6	3
3	5	2	6	4	7		9	1
1	6	9			8	2	4	7
4		8	9	1		6		5
5		7		6			8	
8		6	1	9	5	3		
2	9		7		3	4	5	6

SUDOKU

PUZZLE BOOK

SOLUTIONS

Available to View & Download

www.northstarreaders.com/kreativepuzzlez

Made in the USA
Las Vegas, NV
23 December 2024